樊哲勇 著

CUDA 编程

基础与实践

清华大学出版社
北京

内 容 简 介

CUDA 是目前较为流行的 GPU 高性能计算的开发工具之一。本书通过大量实例系统地讲述 CUDA 编程的重要方面。前 12 章通过一些简短的例子循序渐进地介绍 CUDA 编程的基础知识，主要包括 GPU 硬件与 CUDA 程序开发工具（第 1 章）、CUDA 中的线程组织（第 2 章）、CUDA 程序的基本框架与错误检测（第 3、4 章）、获得 GPU 加速的关键（第 5 章）、CUDA 中的内存组织与各种内存的合理使用（第 6~8 章）、原子函数的合理使用（第 9 章）、线程束内的基本函数（第 10 章）、CUDA 流（第 11 章）、统一内存（第 12 章）等。后面两章是可选读的内容：第 13 章综合运用前述章节中的知识，用 CUDA 开发一个简单的分子动力学模拟程序；第 14 章介绍若干 CUDA 库（包括 Thrust、cuBLAS、cuSolver 和 cuRAND）的使用。

本书适合高等院校理工科专业的本科生和研究生及其他任何对 CUDA 编程感兴趣的人士阅读。

图书在版编目（CIP）数据

CUDA 编程：基础与实践/樊哲勇著. —北京：清华大学出版社，2020.10 (2024. 8 重印)
ISBN 978-7-302-56460-7

Ⅰ. ①C… Ⅱ. ①樊… Ⅲ. ①图像处理–程序设计 Ⅳ. ①TP391.413

中国版本图书馆 CIP 数据核字(2020)第 178205 号

责任编辑：鲁永芳
封面设计：常雪影
责任校对：赵丽敏
责任印制：沈 露

出版发行：清华大学出版社
网 址：https://www.tup.com.cn，https://www.wqxuetang.com
地 址：北京清华大学学研大厦 A 座 邮 编：100084
社 总 机：010-83470000 邮 购：010-62786544
投稿与读者服务：010-62776969，c-service@tup.tsinghua.edu.cn
质 量 反 馈：010-62772015，zhiliang@tup.tsinghua.edu.cn
印 装 者：天津安泰印刷有限公司
经 销：全国新华书店
开 本：170mm×240mm 印 张：12.25 字 数：230 千字
版 次：2020 年 10 月第 1 版 印 次：2024年 8 月第 8 次印刷
定 价：69.00 元

产品编号：081081-01

前　　言

基于 CPU（central processing unit，中央处理器）和 GPU（graphics processing unit，图形处理器）的异构计算（heterogeneous computing）已逐步发展为高性能计算（high performance computing）领域的主流模式。很多超级计算机大量使用了 GPU。CUDA（compute unified device architecture）作为 GPU 高性能计算的主要开发工具之一，已经在计算机、物理、化学、生物、材料等众多领域发挥了重要作用。掌握 CUDA 编程也就意味着开辟了一条通往高性能计算的新道路。

本书通过大量实例循序渐进地介绍 CUDA 编程的语法知识、优化策略及程序开发实践。本书所有源代码都可以通过作者为本书创建的 GitHub 仓库（https://github.com/brucefan1983/CUDA-Programming）获得。读者也可以针对该仓库提出问题（issues）与作者进行交流。渤海大学由琪同学的 GitHub 仓库 https://github.com/YouQixiaowu/CUDA-Programming-with-Python 还给出了本书部分程序的 pyCUDA 版本。本书中的所有程序都在 Linux 平台通过测试，其中大部分程序也能在 Windows 平台通过测试。我们会在适当的地方指出哪些程序无法在（作者的）Windows 平台通过测试。

本书是一本较理想的学习 CUDA 编程的入门读物。在计算机方面，读者需要掌握初步的 Linux 或 Windows 命令行操作技能，并具有一定的 C++ 语言编程基础。第 13 章的内容要求读者具有大学物理或普通物理的知识基础。第 14 章的部分内容要求读者熟悉大学本科理工科的线性代数知识。本书前 12 章需顺序阅读，后两章可选读，而且可以按任意次序阅读。最后要强调的是，本书不假定读者有并行编程的经验。

本书不是一本 CUDA 编程手册，不追求面面俱到，但力求做到由浅入深、循序渐进。截至作者交稿之日，最新版本（10.2）的《CUDA C++ Programming Guide》和《CUDA C++ Best Practices Guide》加起来有 400 多页，再加上 CUDA 工具箱中各种应用程序库和编程开发工具的文档，总页数可能上万。在本书 100 多页的篇幅中想要做到面面俱到是不可能的。明确地说：

- 本书只涉及 CUDA C++ 编程，不涉及其他异构编程语言，如 OpenCL、OpenACC 和 CUDA Fortran。
- 关于 CUDA C++ 编程，本书不涉及动态并行（dynamic parallelism）、CUDA

Graph、CUDA 与 OpenGL 和 Direct3D 的交互、纹理和表面内存的使用。

- 本书不涉及多 GPU 编程，只讨论单 GPU 编程，并且不涉及 OpenMP 和 MPI。
- 在众多性能分析器（profiler）中，我们将仅偶尔使用 nvprof，不使用其他可视化性能分析器。

本书彩图请扫描右侧二维码观看。

本书的出版受到国家自然科学基金的支持，项目编号为 11974059，名称为《基于石墨烯及其他两维材料的柔性热电材料的多尺度模拟》。本书中相关程序的开发和测试使用了由 Aalto Science-IT project 和 Finland's IT Center for Science（CSC）提供的计算资源与技术支持。

复旦大学的周麟祥教授于 2011 年在厦门大学开设的 CUDA 编程讲座让作者有幸较早地接触 CUDA 编程。厦门大学的博士后导师郑金成和王惠琼教授及芬兰 Aalto 大学的博士后导师 Ari Harju 博士和 Tapio Ala-Nissila 教授在作者学习与使用 CUDA 的过程中给予了很大的支持。在此对以上老师表示由衷的感谢!

特别感谢苏州吉浦迅科技有限公司的技术团队。该团队的工程师们为本书的初稿指出了 300 多个问题，并为作者解答了很多有关 CUDA 编程的问题。如果没有该团队的帮助，本书一定有很多错误。厦门大学的徐克同学和渤海大学的由琪同学先后为本书制作了若干插图。中国科学技术大学的黄翔同学、潍坊学院高性能计算中心的李延龙同学及西安理工大学的范亚东同学帮助审阅了全部书稿。在此对以上同学一并表示感谢。

本书从构思到完成大概花了一年半的时间。在这一年半的时间里，此书的写作占用了我很多本应该陪伴家人的时间。所以，我将此书献给我的妻子秦海霞、大女儿樊怀瑾和小女儿樊婉瑜，以及我的父亲樊明营与母亲张珍艳。

作　者
2020 年 8 月

目　　录

第 1 章

GPU硬件与CUDA程序开发工具

1.1 GPU 硬件简介

GPU 是英文 graphics processing unit 的首字母缩写，意为图形处理器。GPU 也常被称为显卡（graphics card）。与它对应的一个概念是 CPU，即 central processing unit（中央处理器）的首字母缩写。

从十多年前起，GPU 的浮点数运算峰值就比同时期的 CPU 高一个量级；GPU 的内存带宽峰值也比同时期的 CPU 高一个量级。CPU 和 GPU 的显著区别如下：一块典型的 CPU 拥有少数几个快速的计算核心，而一块典型的 GPU 拥有几百到几千个不那么快速的计算核心。CPU 中有更多的晶体管用于数据缓存和流程控制，但 GPU 中有更多的晶体管用于算术逻辑单元。所以，GPU 是靠众多的计算核心来获得相对较高的计算性能的。图 1.1 形象地说明了（非集成）GPU 和 CPU 在硬件架构上的显著区别。

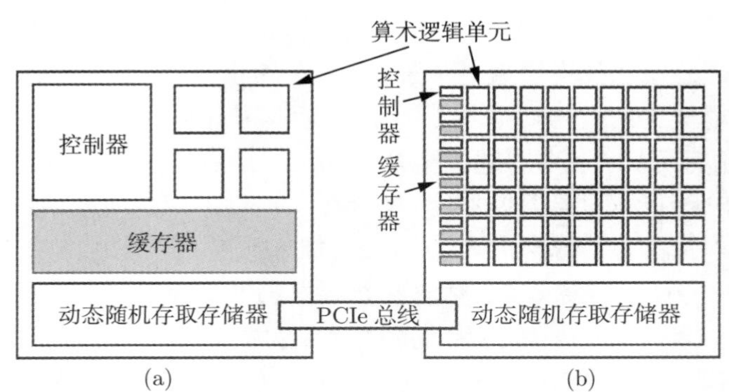

图 1.1 CPU (a) 和非集成 GPU (b) 的硬件架构示意图

CPU 和 GPU 中都有 DRAM（dynamic random access memory，动态随机存取存储器），它们一般由 PCIe 总线（peripheral component interconnect express bus）连接。

GPU 计算不是指单独的 GPU 计算，而是指 CPU + GPU 的异构（heterogeneous）计算。一块单独的 GPU 是无法独立地完成所有计算任务的，它必须在 CPU

的调度下才能完成特定任务。在由 CPU 和 GPU 构成的异构计算平台中，通常将起控制作用的 CPU 称为主机（host），将起加速作用的 GPU 称为设备（device）。主机和（非集成）设备都有自己的 DRAM，它们之间一般由 PCIe 总线连接，如图 1.1 所示。

本书中说的 GPU 都是指英伟达（Nvidia）公司推出的 GPU，因为 CUDA 编程目前只支持该公司的 GPU。以下几个系列的 GPU 都支持 CUDA 编程。

(1) Tesla 系列：其中的内存为纠错内存（error-correcting code memory，ECC 内存），稳定性好，主要用于高性能、高强度的科学计算。

(2) Quadro 系列：支持高速 OpenGL（open graphics library）渲染，主要用于专业绘图设计。

(3) GeForce 系列：主要用于游戏与娱乐，但也常用于科学计算。GeForce 系列的 GPU 没有纠错内存，用于科学计算时具有一定的风险。然而，GeForce 系列的 GPU 价格相对低廉、性价比高，用于学习 CUDA 编程是没有任何问题的。即使是便携式计算机中 GeForce 系列的 GPU 也可以用来学习 CUDA 编程。

(4) Jetson 系列：嵌入式设备中的 GPU。作者对此无使用经验，本书也不专门讨论。

每一款 GPU 都有一个用以表示其"计算能力"（compute capability）的版本号。该版本号可以写为形如 $X.Y$ 的形式。其中，X 表示主版本号，Y 表示次版本号。版本号决定了 GPU 硬件所支持的功能，可为应用程序在运行时判断硬件特征提供依据。初学者往往误以为 GPU 的计算能力越高，性能就越高，但后面我们会看到，计算能力和性能没有简单的正比关系。

版本号越大的 GPU 架构（architecture）越新。主版本号与 GPU 的核心架构相关联。英伟达公司选择用著名科学家（到目前为止，大部分是物理学家）的姓氏作为 GPU 核心架构的代号，见表 1.1。在主版本号相同时，具有较大次版本号的 GPU 的架构稍有更新。例如，同属于开普勒（Kepler）架构的 Tesla K40 和 Tesla K80 这两款 GPU 有相同的主版本号（$X = 3$），但有不同的次版本号，它们的计算能力分别是 3.5 和 3.7。注意：特斯拉（Tesla）既是第一代 GPU 架构的代号，也是科学计算系列 GPU 的统称，其具体含义要根据上下文确定。另外，计算能力为 7.5 的架构虽然和伏特（Volta）架构具有同样的主版本号（$X = 7$），但它一般被看作一个新的主要架构，代号为图灵（Turing）。表 1.2 列出了不同架构的各种 GPU 的名称。

特斯拉架构和费米（Fermi）架构的 GPU 已不再受到最近几个 CUDA 版本的支持。本书将忽略任何特定于这两个架构的硬件功能。可以预见，开普勒架构的 GPU 也将很快（如一两年后）不受最新版 CUDA 的支持。为简洁起见，本书有时也将忽略某些开普勒架构的特征。为简单起见，我们在表 1.2 中忽略了一类被称为 Titan 的 GPU。读者可以在如下网站查询任何一款支持 CUDA 的 GPU 的信息：http://developer.nvidia.com/cuda-gpus。

表 1.1 各个 GPU 主计算能力的架构代号与发布年份

主计算能力	架构代号	发布年份
$X = 1$	特斯拉（Tesla）	2006
$X = 2$	费米（Fermi）	2010
$X = 3$	开普勒（Kepler）	2012
$X = 5$	麦克斯韦（Maxwell）	2014
$X = 6$	帕斯卡（Pascal）	2016
$X = 7$	伏特（Volta）	2017
$X.Y = 7.5$	图灵（Turing）	2018

表 1.2 当前常用的各种 GPU 的名称

架构	Tesla 系列	Quadro 系列	GeForce 系列	Jetson 系列
开普勒	Tesla K 系列	Quadro K 系列	GeForce 600/700 系列	Tegra K1
麦克斯韦	Tesla M 系列	Quadro M 系列	GeForce 900 系列	Tegra X1
帕斯卡	Tesla P 系列	Quadro P 系列	GeForce 1000 系列	Tegra X2
伏特	Tesla V 系列	无	无	AGX Xavier
图灵	Tesla T 系列	Quadro RTX 系列	GeForce 2000 系列	无

注：特斯拉架构和费米架构的 GPU 已经不再受到最新 CUDA 的支持，故没有列出。

计算能力并不等价于计算性能。例如，GeForce RTX 2000 系列的计算能力高于 Tesla V100，但后者在很多方面性能更高（售价也高得多）。

表征计算性能的一个重要参数是浮点数运算峰值，即每秒最多能执行的浮点数运算次数（floating-point operations per second，FLOPS）。GPU 的浮点数运算峰值在 10^{12} FLOPS，即 teraFLOPS（简写为 TFLOPS) 的量级。浮点数运算峰值有单精度和双精度之分。对 Tesla 系列的 GPU 来说，双精度浮点数运算峰值一般是单精度浮点数运算峰值的 1/2 左右（对计算能力为 3.5 和 3.7 的 GPU 来说，是 1/3 左右）。对 GeForce 系列的 GPU 来说，双精度浮点数运算峰值一般是单精度浮点数运算峰值的 1/32 左右。另一个影响计算性能的参数是 GPU 中的内存带宽（memory bandwidth）。GPU 中的内存常称为显存。显存容量也是制约应用程序性能的一个因素。如果一个应用程序需要的显存数量超过了一个 GPU 的显存容量，则在不使用统一内存（见第 12 章）的情况下程序就无法正确运行。表 1.3 列出了作者目前能够使用的几款 GPU 的主要性能指标。在浮点数运算峰值一栏中，括号前和括号中的数字分别对应双精度和单精度的情形。

表 1.3　若干 GPU 的主要性能指标

GPU 型号	计算能力	显存容量/GB	显存带宽/（GB/s）	浮点数运算峰值/TFLOPS
Tesla K40	3.5	12	288	1.4 (4.3)
Tesla P100	6.0	16	732	4.7 (9.3)
Tesla V100	7.0	32	900	7 (14)
GeForce RTX 2070	7.5	8	448	0.2 (6.5)
GeForce RTX 2080ti	7.5	11	616	0.4 (13)

1.2　CUDA 程序开发工具

以下几种软件开发工具都可以用来进行 GPU 编程。

(1) CUDA。这是本书的主题。

(2) OpenCL。这是一个更为通用的为各种异构平台编写并行程序的框架，也是 AMD（Advanced Micro Devices）公司的 GPU 的主要程序开发工具。本书不涉及 OpenCL 编程，对此感兴趣的读者可参考《OpenCL 异构并行计算：原理、机制与优化实践》（刘文志，陈轶，吴长江，北京：机械工业出版社）。

(3) OpenACC。这是一个由多个公司共同开发的异构并行编程标准。本书也不涉及 OpenACC 编程，对此感兴趣的读者可参考《OpenACC 并行编程实战》（何沧平，北京：机械工业出版社）。

CUDA 编程语言最初主要是基于 C 语言的，但目前越来越多地支持 C++ 语言。另外，还有基于 Fortran 的 CUDA Fortran 版本及由其他编程语言包装的 CUDA 版本，但本书只涉及基于 C++ 的 CUDA 编程。我们称基于 C++ 的 CUDA 编程语言为 CUDA C++。对 Fortran 版本感兴趣的读者可以参考网站 https://www.pgroup.com/中的资源。用户可以免费下载支持 CUDA Fortran 编程的 PGI 开发工具套装的社区版本（community edition）。对应的还有收费的专业版本（professional edition）。PGI 是高性能计算编译器公司 Portland Group, Inc. 的简称，已被英伟达公司收购。

CUDA 提供了两层 API（application programming interface，应用程序编程接口）供程序员使用，即 CUDA 驱动（driver）API 和 CUDA 运行时（runtime）API。其中，CUDA 驱动 API 是更加底层的 API，它为程序员提供了更为灵活的编程接口；CUDA 运行时 API 是在 CUDA 驱动 API 的基础上构建的一个更为高级的 API，更容易使用。这两种 API 在性能上几乎没有差别。从程序的可读性来看，使用 CUDA 运行时 API 是更好的选择。在其他编程语言中使用 CUDA 时，驱动 API 很多时候是必需的。因为作者没有使用驱动 API 的经验，故本书只涉及 CUDA 运行时 API。

图 1.2 展示了 CUDA 开发环境的主要组件。开发的应用程序是以主机（CPU）为出发点的。应用程序可以调用 CUDA 运行时 API、CUDA 驱动 API 及一些已有的 CUDA 库。所有这些调用都将利用设备（GPU）的硬件资源。对 CUDA 运行时 API 的介绍是本书大部分章节的重点内容；第 14 章将介绍若干常用的 CUDA 库。

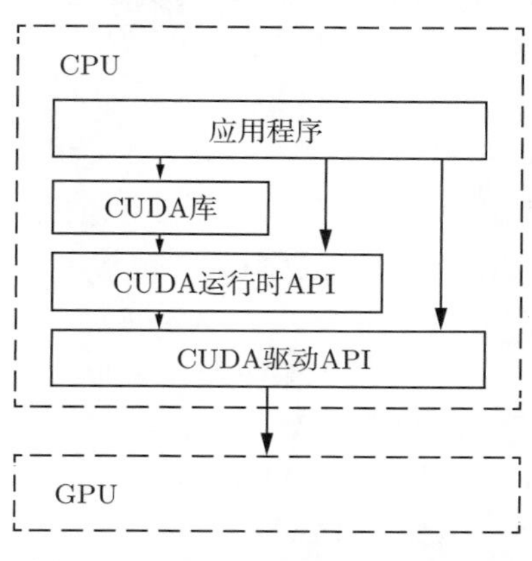

图 1.2　CUDA 编程开发环境概览

CUDA 版本也由形如 $X.Y$ 的两个数字表示，但它并不等同于 GPU 的计算能力。可以这样理解：CUDA 版本是 GPU 软件开发平台的版本，而计算能力对应着 GPU 硬件架构的版本。

最早的 CUDA 1.0 于 2007 年发布。当前（笔者交稿之日）最新的版本是 CUDA 10.2。CUDA 版本与 GPU 的最高计算能力都在逐年上升。虽然它们之间没有严格的对应关系，但一个具有较高计算能力的 GPU 通常需要一个较高的 CUDA 版本才能支持。最近的几个 CUDA 版本对 GPU 计算能力的支持情况见表 1.4。一般来说，建议安装一个支持所用 GPU 的较新的 CUDA 工具箱。本书中的所有示例程序都可以在 CUDA 9.0~10.2 中进行测试。目前最新版本的 CUDA 10.2 有两个值得注意的地方。第一，它是最后一个支持 MacOS 的 CUDA 版本；第二，它将 CUDA C 改名为 CUDA C++，用以强调 CUDA C++ 是基于 C++ 的扩展。

表 1.4　最近的几个 CUDA 版本对 GPU 计算能力的支持情况

CUDA 版本	所支持 GPU 的计算能力	架构
10.0~10.2	3.0~7.5	从开普勒到图灵
9.0~9.2	3.0~7.2	从开普勒到伏特
8.0	2.0~6.2	从费米到帕斯卡
7.0~7.5	2.0~5.3	从费米到麦克斯韦

1.3 CUDA 开发环境搭建示例

下面叙述作者最近在装有 GeForce RTX 2070 的便携式计算机（以下简称计算机）中搭建 CUDA 开发环境的大致过程。因为作者的计算机中预装了 Windows 10 操作系统，所以我们以 Windows 10 操作系统为例进行讲解。因为 Linux 发行版有多种，故本书不列出在 Linux 中安装 CUDA 开发环境的步骤。读者可参阅英伟达公司的官方文档：https://docs.nvidia.com/cuda/cuda-installation-guide-linux。

我们说过，GPU 计算实际上是 CPU+GPU（主机 + 设备）的异构计算。在 CUDA C++ 程序中，既有运行于主机的代码，又有运行于设备的代码。其中，运行于主机的代码需要由主机的 C++ 编译器编译和链接。所以，除安装 CUDA 工具箱外，还需要安装一个主机的 C++ 编译器。在 Windows 中，最常用的 C++ 编译器是 Microsoft Visual C++（MSVC），它目前集成在 Visual Studio 中，所以我们首先安装 Visual Studio。作者安装了最高版本的 Visual Studio 2019 16.x。因为这是个人使用的，故选择了免费的 Community 版本。下载地址为 https://visualstudio.microsoft.com/free-developer-offers/。对于 CUDA C++ 程序开发来说，只需要选择安装 Desktop development with C++ 即可。当然，读者也可以选择安装更多的组件。

关于 CUDA，作者选择安装 2019 年 8 月发布的 CUDA Toolkit 10.1 update2。首先，进入网址 https://developer.nvidia.com/cuda-10.1-download-archive-update2。然后，根据提示，做如下选择：Operating System 项选择 Windows；Architecture 项选择 `x86_64`；Version 项选择操作系统版本，我们这里是 10；Installer Type 项可以选择 exe (network) 或者 exe (local)，分别代表一边下载一边安装和下载完毕后安装。最后，运行安装程序，根据提示一步一步安装即可。该版本的 CUDA 工具箱包含一个对应版本的 Nvidia driver，故不需要再单独安装 Nvidia driver。

安装好 Visual Studio 和 CUDA 后，进入如下目录（读者如果找不到 C 盘下的 ProgramData 目录，可能是因为没有选择显示一些隐藏的文件）：

```
C:\ProgramData\NVIDIA Corporation\CUDA Samples\v10.1\1_Utilities
   \deviceQuery。
```

用 Visual Studio 2019 打开文件 `deviceQuery_vs2019.sln`，编译（构建）、运行即可。若输出内容的最后部分为 `Result=PASS`，则说明已经搭建好 Windows 中的 CUDA 开发环境。若有疑问，请参阅英伟达公司的官方文档：https://docs.nvidia.com/cuda/cuda-installation-guide-microsoft-windows。

在上面的测试中，我们是直接用 Visual Studio 打开一个已有的解决方案（solution），然后直接构建并运行。本书不介绍 Visual Studio 的使用，而是选择用命令行解释器编译与运行程序。这里的命令行解释器指的是 Linux 中的 terminal 或者 Windows 中的 command prompt 程序。在 Windows 中使用 MSVC 作为 C++ 程序的编译器时，需要单独设置相应的环境变量，或者从 Windows 的“开始”（start）菜单中找到 Visual Studio 2019 文件夹，然后单击其中的“x64 Native Tools Command Prompt for VS 2019”，从而打开一个加载了 MSVC 环境变量的命令行解释器。在本书的某些章节，需要有管理员的权限来使用 nvprof 性能分析器。此时，可以右击“x64 Native Tools Command Prompt for VS 2019”，在弹出的快捷菜单中选择“更多”→“以管理员身份运行”。

用命令行解释器编译与运行 CUDA 程序的方式在 Windows 和 Linux 系统几乎没有区别，但为了简洁起见，本书后面主要以 Linux 开发环境为例进行讲解。虽然如此，Windows 和 Linux 中的 CUDA 编程功能还是稍有差别。我们将在后续章节中适当的地方指出这些差别。

1.4 用 nvidia-smi 检查与设置设备

可以通过 `nvidia-smi`（Nvidia's system management interface）程序检查与设置设备。它包含在 CUDA 开发工具套装内。该程序最基本的用法就是在命令行解释器中使用不带任何参数的命令 `nvidia-smi`。在作者的计算机中使用该命令，得到如下文本形式的输出：

```
+-----------------------------------------------------------------------------+
| NVIDIA-SMI 426.00       Driver Version: 426.00       CUDA Version: 10.1     |
|-------------------------------+----------------------+----------------------+
| GPU  Name            TCC/WDDM | Bus-Id        Disp.A | Volatile Uncorr. ECC |
| Fan  Temp  Perf  Pwr:Usage/Cap|         Memory-Usage | GPU-Util  Compute M. |
|===============================+======================+======================|
|   0  GeForce RTX 207... WDDM  | 00000000:01:00.0 Off |                  N/A |
| N/A   38C    P8    12W /  N/A |    161MiB /  8192MiB |      0%      Default |
+-------------------------------+----------------------+----------------------+

+-----------------------------------------------------------------------------+
| Processes:                                                       GPU Memory |
|  GPU       PID   Type   Process name                             Usage      |
|=============================================================================|
|  No running processes found                                                 |
+-----------------------------------------------------------------------------+
```

从中可以看出一些比较有用的信息：

(1) 第一行可以看到 Nvidia driver 的版本及 CUDA 工具箱的版本。

(2) 作者所用计算机中有一型号为 GeForce RTX 2070 的 GPU。该 GPU 的设备号是 0。该计算机仅有一个 GPU。如果有多个 GPU，会将各个 GPU 从 0 开始编号。如果读者的系统中有多个 GPU，而且只需要使用某个特定的 GPU（如两个之中更强大的那个），则可以通过设置环境变量 CUDA_VISIBLE_DEVICES 的值在运行 CUDA 程序之前选定一个 GPU。假如读者的系统中有编号为 0 和 1 的两个 GPU，而读者想在 1 号 GPU 运行 CUDA 程序，可以用如下命令设置环境变量：

```
$ export CUDA_VISIBLE_DEVICES=1
```

这样设置的环境变量在当前 shell session 及其子进程中有效。

(3) 该 GPU 处于 WDDM（Windows display driver model）模式。另一个可能的模式是 TCC（Tesla compute cluster），但它仅在 Tesla、Quadro 和 Titan 系列的 GPU 中可选。可用如下方式选择（在 Windows 中需要用管理员身份打开 Command Prompt 并去掉命令中的 sudo）：

```
$ sudo nvidia-smi -g GPU_ID -dm 0 # 设置为 WDDM 模式
$ sudo nvidia-smi -g GPU_ID -dm 1 # 设置为 TCC 模式
```

这里，GPU_ID 是 GPU 的编号。

(4) 该 GPU 当前的温度为 38℃。GPU 在满负荷运行时，温度会高一些。

(5) 这是 GeForce 系列的 GPU，没有 ECC 内存，故 Uncorr. ECC 为 N/A，代表不适用（not applicable）或者不存在（not available）。

(6) Compute M. 指计算模式（compute mode）。该 GPU 的计算模式是 Default。在默认模式中，同一个 GPU 中允许存在多个计算进程，但每个计算进程对应程序的运行速度一般来说会降低。还有一种模式为 E. Process，指的是独占进程模式（exclusive process mode），但不适用于处于 WDDM 模式的 GPU。在独占进程模式下，只能运行一个计算进程独占该 GPU。可以用如下命令设置计算模式（在 Windows 中需要用管理员身份打开 Command Prompt 并去掉命令中的 sudo）：

```
$ sudo nvidia-smi -i GPU_ID -c 0 # 默认模式
$ sudo nvidia-smi -i GPU_ID -c 1 # 独占进程模式
```

这里，-i GPU_ID 的意思是希望该设置仅仅作用于编号为 GPU_ID 的 GPU；如果去掉该选项，该设置将会作用于系统中所有的 GPU。

关于 nvidia-smi 程序的更多介绍，请参考如下官方文档：https://developer.nvidia.com/nvidia-system-management-interface。

1.5 其他学习资料

本书将循序渐进地带领读者学习 CUDA C++ 编程的基础知识。虽然作者力求本书知识全面、内容系统，但读者在阅读本书的过程中同时参考一些其他的学习资料也是有好处的。

任何关于 CUDA 编程的书籍都不可能替代官方提供的手册等资料。以下是几个重要的官方文档，请读者在有一定的基础之后务必查阅。限于作者水平，本书难免存在不当之处。当读者觉得本书中的个别论断与官方资料有冲突时，当以官方资料为标准（官方手册的网址为https://docs.nvidia.com/cuda）。在这个网站，包括但不限于以下几个方面的文档：

1) 安装指南（installation guides）。读者遇到与 CUDA 安装有关的问题时，应该仔细阅读此处的文档。

2) 编程指南（programming guides）。该部分有很多重要的文档：

(1) 最重要的文档是《CUDA C++ Programming Guide》，网址为https://docs.nvidia.com/cuda/cuda-c-programming-guide。

(2) 另一个值得一看的文档是《CUDA C++ Best Practices Guide》，网址为https://docs.nvidia.com/cuda/cuda-c-best-practices-guide。

(3) 针对最近的几个 GPU 架构进行优化的指南，网址为

① https://docs.nvidia.com/cuda/kepler-tuning-guide。

② https://docs.nvidia.com/cuda/maxwell-tuning-guide。

③ https://docs.nvidia.com/cuda/pascal-tuning-guide。

④ https://docs.nvidia.com/cuda/volta-tuning-guide。

⑤ https://docs.nvidia.com/cuda/turing-tuning-guide。

这几个简短的文档可以帮助有经验的用户迅速了解一个新的架构。

3) CUDA API 手册（CUDA API references）。这里有

(1) CUDA 运行时 API 的手册：https://docs.nvidia.com/cuda/cuda-runtime-api。

(2) CUDA 驱动 API 的手册：https://docs.nvidia.com/cuda/cuda-driver-api。

(3) CUDA 数学函数库 API 的手册：https://docs.nvidia.com/cuda/cuda-math-api。

(4) 其他若干 CUDA 库的手册。

为明确起见，在撰写本书时，作者参考的是与 CUDA 10.2 对应的官方手册。

第 2 章

CUDA中的线程组织

我们以最简单的 CUDA 程序：从 GPU 中输出“Hello World!”字符串开始 CUDA 编程的学习。经典的 Hello World 程序几乎是学习任何一门新编程语言的出发点。学会了 Hello World 程序的开发过程，就对一个新的编程语言有了一个初步的认识。

本书的所有范例都是基于 Linux 操作系统开发的，但大部分也在 Windows 操作系统中使用 Command Prompt 命令行通过测试。因此，读者需要掌握基本的 Linux 或 Windows 命令行操作知识。

2.1 C++ 语言中的 Hello World 程序

学习 CUDA C++ 编程需要读者比较熟练地掌握 C++ 编程的基础。虽然 CUDA 支持很多 C++ 的特征，但作者写的 C++ 程序有很多 C 程序的痕迹，而且本书基本上不涉及 C++ 中的类和模板等编程特征。

我们先回顾一下 C++ 中 Hello World 程序的开发过程。在 C++ 语言中开发一个程序的大致过程如下：

(1) 用文本编辑器写一个源代码（source code）。

(2) 用编译器对源代码进行预处理、编译、汇编并链接必要的目标文件得到可执行文件（executable）。这些步骤往往可由一个命令完成。

(3) 运行可执行文件得到结果。

首先，让我们用编辑器写下 Listing 2.1 中的源代码。然后，将程序的文件命名为 `hello.cpp`，并用 g++ 编译（如上所述，此处及后面所说的编译其实包含预处理、编译、汇编、链接等步骤）：

```
$ g++ hello.cpp
```

编译通过后，将得到一个名为 `a.out` 的可执行文件。用如下命令执行该文件：

```
$ ./a.out
```

可以看到屏幕上输出如下文字：

```
Hello World!
```

也可以在编译时指定二进制文件的名称。例如，用如下命令

```
$ g++ hello.cpp -o hello
```

将得到一个名为 hello 的可执行文件，可以用如下命令运行它：

```
$ ./hello
```

以上假定使用了 GCC 编译器套装。如果使用 Windows 下的 MSVC 编译器套装，则可用 cl 编译程序：

```
$ cl hello.cpp
```

这将产生一个名为 hello.exe 的可执行文件。

Listing 2.1　本章程序 hello.cpp 中的内容

```
1 #include <stdio.h>
2 
3 int main(void)
4 {
5     printf("Hello World!\n");
6     return 0;
7 }
```

2.2　CUDA 中的 Hello World 程序

在复习了 C++ 语言中的 Hello World 程序之后，下面介绍 CUDA 中的 Hello World 程序。

2.2.1　只有主机函数的 CUDA 程序

其实，我们已经写好了一个 CUDA 中的 Hello World 程序。这是因为，CUDA 程序的编译器驱动（compiler driver）nvcc 支持编译纯粹的 C++ 代码。一般来说，一个标准的 CUDA 程序中既有纯粹的 C++ 代码，又有不属于 C++ 的真正的 CUDA 代码。CUDA 程序的编译器驱动 nvcc 在编译一个 CUDA 程序时，会将纯粹的 C++ 代码交给 C++ 的编译器（如前面提到的 g++ 或 cl）去处理，它自己则负责编译剩下的部分。CUDA 程序源文件的扩展名是 .cu，所以我们可以先将上面写好的源文件更名为 hello1.cu，然后用 nvcc 编译：

```
$ nvcc hello1.cu
```

编译好之后即可运行。运行结果与 C++ 程序的运行结果相同。关于 CUDA 程序的编译过程，将在本章最后一节及后续章节详细讨论，现在只要知道可以用 nvcc

编译 CUDA 程序即可。

2.2.2 使用核函数的 CUDA 程序

虽然上面的第一个版本是由 CUDA 的编译器编译的，但程序中根本没有使用 GPU。下面来介绍一个使用 GPU 的 Hello World 程序。

首先，我们要知道，GPU 只是一个设备，要它工作的话还需要有一个主机给它下达命令。这个主机就是 CPU。所以，一个真正利用了 GPU 的 CUDA 程序既有主机代码（在程序 hello1.cu 中的所有代码都是主机代码），又有设备代码（可以理解为需要设备执行的代码）。主机对设备的调用是通过核函数（kernel function）来实现的。所以，一个典型的、简单的 CUDA 程序的结构具有下面的形式：

```
int main(void)
{
    主机代码
    核函数的调用
    主机代码
    return 0;
}
```

CUDA 中的核函数与 C++ 中的函数是类似的，但一个显著的差别是它必须被限定词（qualifier）`__global__` 修饰。其中，`global` 前后是双下划线。另外，核函数的返回类型必须是空类型，即 `void`。这两个要求读者先记住即可。关于核函数的更多细节，以后将逐步深入介绍。遵循这两个要求，我们先写一个打印字符串的核函数：

```
__global__ void hello_from_gpu()
{
    printf("Hello World from the GPU!\n");
}
```

限定符 `__global__` 和 `void` 的次序可随意。也就是说，上述核函数也可以写为如下形式：

```
void __global__ hello_from_gpu()
{
    printf("Hello World from the GPU!\n");
}
```

就像 C++ 语言中的函数要被调用才能发挥作用一样，这个核函数也要被调用才能发挥作用。下面，我们就写一个主函数来调用这个核函数，得到如 Listing 2.2

所示的完整 CUDA 程序。我们可以用如下命令编译：

```
$ nvcc hello2.cu
```

然后运行得到的可执行文件就可从屏幕上看到如下输出：

```
Hello World from the GPU!
```

Listing 2.2　本章程序 hello2.cu 中的内容

```
1   #include <stdio.h>
2
3   __global__ void hello_from_gpu()
4   {
5       printf("Hello World from the GPU!\n");
6   }
7
8   int main(void)
9   {
10      hello_from_gpu<<<1, 1>>>();
11      cudaDeviceSynchronize();
12      return 0;
13  }
```

上述程序有 3 个地方需要做进一步解释。

(1) 调用核函数的格式：

```
hello_from_gpu<<<1, 1>>>();
```

这个调用格式与普通的 C++ 函数的调用格式是有区别的。我们看到，在函数名 `hello_from_gpu` 和括号 `()` 之间有一对三括号 `<<<>>>`，其中还有用逗号隔开的两个数字 `(1,1)`。调用核函数时为什么需要这对三括号里面的信息呢？这是因为，一块 GPU 中有很多（例如，Tesla V100 中有 5120 个）计算核心，可以支持很多线程（thread）。主机在调用一个核函数时，必须指明需要在设备中指派多少个线程，否则设备不知道如何工作。三括号中的数就是用来指明核函数中的线程数目及排列情况的。核函数中的线程常组织为若干线程块（thread block）：三括号中的第一个数字可以看作线程块的个数，第二个数字可以看作每个线程块中的线程数。一个核函数的全部线程块构成一个网格（grid），而线程块的个数就记为网格大小（grid size）。每个线程块中含有同样数目的线程，该数目称为线程块大小（block size）。所以，核函数中总的线程数就等于网格大小乘以线程块大小，而三括号中的两个数字分别为网格大小和线程块大小，即 `<<<网格大小,线程块大小>>>`。所以，在上述程序中，主机只指派了设备的一个线程，网格大小和线程块大小都是 1，即 $1 \times 1 = 1$。

(2) 核函数中的 printf() 函数的使用方式和 C++ 库（或者说 C++ 从 C 中继承的库）中的 printf() 函数的使用方式基本上是一样的。而且，在核函数中使用 printf() 函数时也需要包含头文件 <stdio.h>（也可以写成 <cstdio>）。需要注意的是，核函数中不支持 C++ 的 iostream（读者可亲自测试）。

(3) 在调用核函数之后，有如下一行语句：

```
cudaDeviceSynchronize();
```

这行语句调用了一个 CUDA 的运行时 API 函数。去掉这个函数将不能输出字符串（请读者亲自尝试）。这是因为调用输出函数时，输出流是先存放在缓冲区的，而缓冲区不会自动刷新。只有程序遇到某种同步操作时缓冲区才会刷新。函数 cudaDeviceSynchronize() 的作用是同步主机与设备，所以能够促使缓冲区刷新。读者现在不需要弄明白这个函数到底是什么，因为我们这里的主要目的是介绍 CUDA 中的线程组织。

2.3 CUDA 中的线程组织

2.3.1 使用多个线程的核函数

核函数中允许指派很多线程，这是一个必然的特征。这是因为，一个 GPU 往往有几千个计算核心，而总的线程数必须至少等于计算核心数时才有可能充分利用 GPU 中的全部计算资源。实际上，总的线程数大于计算核心数时才能更充分地利用 GPU 中的计算资源，因为这会让计算和内存访问之间及不同的计算之间合理地重叠，从而减小计算核心空闲的时间。

所以，根据需要，在调用核函数时可以指定使用多个线程。Listing 2.3 所示程序在调用核函数 hello_from_gpu() 时指定了一个含有两个线程块的网格，而且每个线程块的大小是 4。

Listing 2.3　本章程序 hello3.cu 中的内容

```
1  #include <stdio.h>
2  
3  __global__ void hello_from_gpu()
4  {
5      printf("Hello World from the GPU!\n");
6  }
7  
8  int main(void)
9  {
10     hello_from_gpu<<<2, 4>>>();
```

```
11        cudaDeviceSynchronize();
12        return 0;
13    }
```

因为网格大小是 2，线程块大小是 4，故总的线程数是 $2 \times 4 = 8$。也就是说，该程序中的核函数调用将指派 8 个线程。核函数中代码的执行方式是“单指令–多线程”，即每一个线程都执行同一串指令。既然核函数中的指令是打印一个字符串，那么编译、运行上述程序，将在屏幕输出如下 8 行同样的文字（此处仅列出其中一行）：

```
Hello World from the GPU!
```

其中，每一行对应一个指派的线程。读者也许要问，每一行分别是哪一个线程输出的呢？下面就来讨论这个问题。

2.3.2 使用线程索引

通过前面的介绍，我们知道，可以为一个核函数指派多个线程，而这些线程的组织结构由执行配置（execution configuration）

```
<<<grid_size, block_size>>>
```

决定。这里的 `grid_size`（网格大小）和 `block_size`（线程块大小）一般来说是一个结构体类型的变量，但也可以是一个普通的整型变量。我们先考虑简单的整型变量，稍后再介绍更一般的情形。这两个整型变量的乘积就是被调用核函数中总的线程数。

我们强调过，本书不关心古老的特斯拉架构和费米架构。从开普勒架构开始，最大允许的线程块大小是 1024，而最大允许的网格大小是 $2^{31} - 1$（针对这里的一维网格来说；后面介绍的多维网格能够定义更多的线程块）。所以，用上述简单的执行配置时最多可以指派大约两万亿个线程。这通常是远大于一般的编程问题中常用的线程数目的。一般来说，只要线程数比 GPU 中的计算核心数（几百至几千个）多几倍时，就有可能充分地利用 GPU 中的全部计算资源。总之，一个核函数允许指派的线程数目是巨大的，能够满足绝大多数应用程序的要求。需要指出的是，一个核函数中虽然可以指派如此巨大数目的线程数，但在执行时能够同时活跃（不活跃的线程处于等待状态）的线程数是由硬件（主要是 CUDA 核心数）和软件（即核函数中的代码）决定的。

每个线程在核函数中都有一个唯一的身份标识。由于我们用两个参数指定了线程数目，那么自然地，每个线程的身份可由两个参数确定。在核函数内部，程序是知道执行配置参数 `grid_size` 和 `block_size` 的值的。这两个值分别保存于如下两个内建变量（built-in variable）中。

(1) gridDim.x：该变量的数值等于执行配置中变量 grid_size 的数值。

(2) blockDim.x：该变量的数值等于执行配置中变量 block_size 的数值。

类似地，在核函数中预定义了如下标识线程的内建变量：

(1) blockIdx.x：该变量指定一个线程在一个网格中的线程块指标，其取值范围是从 0 到 gridDim.x - 1。

(2) threadIdx.x：该变量指定一个线程在一个线程块中的线程指标，其取值范围是从 0 到 blockDim.x - 1。

下面，举一个具体的例子来进行说明。假如某个核函数的执行配置是 <<<10000, 256>>>，那么网格大小 gridDim.x 的值为 10000，线程块大小 blockDim.x 的值为 256。线程块指标 blockIdx.x 可以取 0~9999 范围内的值，而每一个线程块中的线程指标 threadIdx.x 可以取 0~255 范围内的值。当 blockIdx.x 等于 0 时，所有 256 个 threadIdx.x 的值对应第 0 个线程块；当 blockIdx.x 等于 1 时，所有 256 个 threadIdx.x 的值对应于第 1 个线程块；以此类推。

再次回到 Hello World 程序。在程序 hello3.cu 中，我们指派了 8 个线程，每个线程输出了一行文字，但我们不知道哪一行是由哪个线程输出的。既然每一个线程都有一个唯一的身份标识，那么我们就可以利用该身份标识判断哪一行是由哪个线程输出的。为此，我们将程序改写为 Listing 2.4。

Listing 2.4　本章程序 hello4.cu 中的内容

```
1   #include <stdio.h>
2
3   __global__ void hello_from_gpu()
4   {
5       const int bid = blockIdx.x;
6       const int tid = threadIdx.x;
7       printf("Hello World from block %d and thread %d!\n", bid, tid);
8   }
9
10  int main(void)
11  {
12      hello_from_gpu<<<2, 4>>>();
13      cudaDeviceSynchronize();
14      return 0;
15  }
```

编译、运行这个程序，有时屏幕上会输出如下文字：

```
Hello World from block 1 and thread 0.
Hello World from block 1 and thread 1.
```

```
Hello World from block 1 and thread 2.
Hello World from block 1 and thread 3.
Hello World from block 0 and thread 0.
Hello World from block 0 and thread 1.
Hello World from block 0 and thread 2.
Hello World from block 0 and thread 3.
```

有时屏幕上会输出如下文字：

```
Hello World from block 0 and thread 0.
Hello World from block 0 and thread 1.
Hello World from block 0 and thread 2.
Hello World from block 0 and thread 3.
Hello World from block 1 and thread 0.
Hello World from block 1 and thread 1.
Hello World from block 1 and thread 2.
Hello World from block 1 and thread 3.
```

也就是说，有时是第 0 个线程块先完成计算，有时是第 1 个线程块先完成计算。这反映了 CUDA 程序执行时的一个很重要的特征，即每个线程块的计算是相互独立的。无论完成计算的次序如何，每个线程块中的每个线程都进行一次计算。

2.3.3　推广至多维网格

细心的读者可能注意到，前面介绍的 4 个内建变量都用了 C++ 中的结构体（struct）或者类（class）的成员变量的语法。其中：

(1) `blockIdx` 和 `threadIdx` 是类型为 `uint3` 的变量。该类型是一个结构体，具有 `x`、`y`、`z` 这 3 个成员。所以，`blockIdx.x` 只是 3 个成员中的一个，另外两个成员分别是 `blockIdx.y` 和 `blockIdx.z`。类似地，`threadIdx.x` 只是 3 个成员中的一个，另外两个成员分别是 `threadIdx.y` 和 `threadIdx.z`。结构体 `uint3` 在头文件 `vector_types.h` 中定义：

```
struct __device_builtin__ uint3
{
    unsigned int x, y, z;
};
typedef __device_builtin__ struct uint3 uint3;
```

也就是说，该结构体由 3 个无符号整数类型的成员构成。

(2) gridDim 和 blockDim 是类型为 dim3 的变量。该类型是一个结构体，具有 x、y、z 这 3 个成员。所以，gridDim.x 只是 3 个成员中的一个，另外两个成员分别是 gridDim.y 和 gridDim.z。类似地，blockDim.x 只是 3 个成员中的一个，另外两个成员分别是 blockDim.y 和 blockDim.z。结构体 dim3 也在头文件 vector_types.h 中定义，除和结构体 uint3 有同样的 3 个成员外，还在使用 C++ 程序的情况下定义了一些成员函数。

这些内建变量都只在核函数中有效（可见），而且满足如下关系：

(1) blockIdx.x 的取值范围是从 0 到 gridDim.x - 1。

(2) blockIdx.y 的取值范围是从 0 到 gridDim.y - 1。

(3) blockIdx.z 的取值范围是从 0 到 gridDim.z - 1。

(4) threadIdx.x 的取值范围是从 0 到 blockDim.x - 1。

(5) threadIdx.y 的取值范围是从 0 到 blockDim.y - 1。

(6) threadIdx.z 的取值范围是从 0 到 blockDim.z - 1。

我们前面介绍过，网格大小和线程块大小是在调用核函数时通过执行配置指定的。在之前的例子中，我们用的执行配置仅仅用了两个整数：

```
<<<grid_size, block_size>>>
```

我们知道，这两个整数的值将分别赋给内建变量 gridDim.x 和 blockDim.x。此时，gridDim 和 blockDim 中没有被指定的成员取默认值 1。在这种情况下，网格和线程块实际上都是“一维”的。

也可以用结构体 dim3 定义“多维”的网格和线程块（这里用了 C++ 中构造函数的语法）：

```
dim3 grid_size(Gx, Gy, Gz);
dim3 block_size(Bx, By, Bz);
```

如果第三个维度的大小是 1，则可以写为

```
dim3 grid_size(Gx, Gy);
dim3 block_size(Bx, By);
```

例如，如果要定义一个 $2 \times 2 \times 1$ 的网格及 $3 \times 2 \times 1$ 的线程块，可将执行配置中的 grid_size 和 block_size 分别定义为如下结构体变量：

```
dim3 grid_size(2, 2);  // 等价于 dim3 grid_size(2, 2, 1);
dim3 block_size(3, 2); // 等价于 dim3 block_size(3, 2, 1);
```

由此产生的核函数中的线程组织见图 2.1。

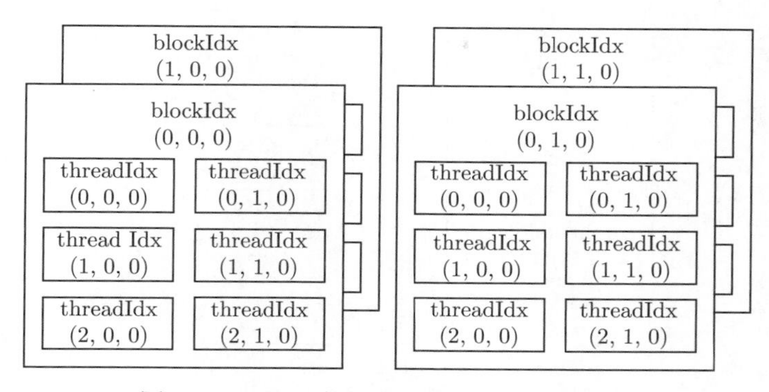

图 2.1　CUDA 核函数中的线程组织示意图

在执行一个核函数时，会产生一个网格，由多个相同大小的线程块构成。该图中展示的是有 $2 \times 2 \times 1$ 个线程块的网格，其中每个线程块包含 $3 \times 2 \times 1$ 个线程

多维的网格和线程块本质上还是一维的，就像多维数组本质上也是一维数组一样。与一个多维线程指标 threadIdx.x、threadIdx.y、threadIdx.z 对应的一维指标为

```
int tid = threadIdx.z * blockDim.x * blockDim.y +
          threadIdx.y * blockDim.x + threadIdx.x;
```

也就是说，x 维度是最内层的（变化最快），而 z 维度是最外层的（变化最慢）。与一个多维线程块指标 blockIdx.x、blockIdx.y、blockIdx.z 对应的一维指标没有唯一的定义（主要是因为各个线程块的执行是相互独立的），但也可以类似地定义：

```
int bid = blockIdx.z * gridDim.x * gridDim.y +
          blockIdx.y * gridDim.x + blockIdx.x;
```

对于某些问题，如第 7 章引入的矩阵转置问题，有时使用如下复合线程索引更合适：

```
int nx = blockDim.x * blockIdx.x + threadIdx.x;
int ny = blockDim.y * blockIdx.y + threadIdx.y;
int nz = blockDim.z * blockIdx.z + threadIdx.z;
```

一个线程块中的线程还可以细分为不同的线程束（thread warp）。一个线程束（即一束线程）是同一个线程块中相邻的 warpSize 个线程。warpSize 也是一个内建变量，表示线程束大小，其值对于目前所有的 GPU 架构都是 32。所以，一个线程束就是连续的 32 个线程。具体地说，一个线程块中第 0~31 个线程属于第 0 个线程束，第 32~63 个线程属于第 1 个线程束，以此类推。图 2.2 中展示的每个线程块拥有两个线程束。

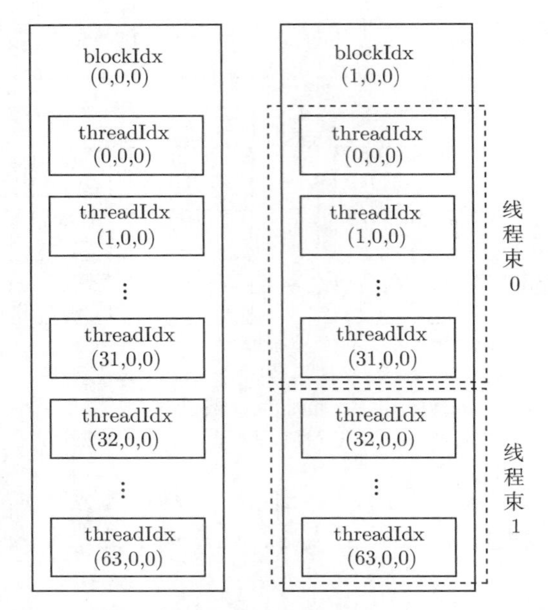

图 2.2　线程块中相邻的 32 个线程构成一个线程束

我们可以通过继续修改 Hello World 程序来展示使用多维线程块的核函数中的线程组织情况。Listing 2.5 是修改后的代码，在调用核函数时指定了一个 2×4 的两维线程块。程序的输出如下：

```
Hello World from block-0 and thread-(0, 0)!
Hello World from block-0 and thread-(1, 0)!
Hello World from block-0 and thread-(0, 1)!
Hello World from block-0 and thread-(1, 1)!
Hello World from block-0 and thread-(0, 2)!
Hello World from block-0 and thread-(1, 2)!
Hello World from block-0 and thread-(0, 3)!
Hello World from block-0 and thread-(1, 3)!
```

Listing 2.5　本章程序 hello5.cu 中的内容

```
1  #include <stdio.h>
2  
3  __global__ void hello_from_gpu()
4  {
5      const int b = blockIdx.x;
6      const int tx = threadIdx.x;
7      const int ty = threadIdx.y;
```

```
8       printf("Hello World from block-%d and thread-(%d, %d)!\n", b, tx,
            ty);
9   }
10
11  int main(void)
12  {
13      const dim3 block_size(2, 4);
14      hello_from_gpu<<<1, block_size>>>();
15      cudaDeviceSynchronize();
16      return 0;
17  }
```

因为线程块的大小是 2×4，所以我们知道在核函数中，blockDim.x 的值为 2，blockDim.y 的值为 4。可以看到，threadIdx.x 的取值范围是从 0 到 1，而 threadIdx.y 的取值范围是从 0 到 3。另外，因为网格大小 gridDim.x 是 1，故核函数中 blockIdx.x 的值只能为 0。从输出结果可以确认，x 维度的线程指标 threadIdx.x 是最内层的（变化最快）。

2.3.4　网格与线程块大小的限制

CUDA 中对能够定义的网格大小和线程块大小做了限制。对任何从开普勒到图灵架构的 GPU 来说，网格大小在 x、y 和 z 这 3 个方向的最大允许值分别为 $2^{31}-1$、65535 和 65535；线程块大小在 x、y 和 z 这 3 个方向的最大允许值分别为 1024、1024 和 64。另外，还要求线程块总的大小，即 blockDim.x、blockDim.y 和 blockDim.z 的乘积不能大于 1024。也就是说，不管如何定义，一个线程块最多只能有 1024 个线程。这些限制是必须牢记的。

2.4　CUDA 中的头文件

我们知道，在编写 C++ 程序时，往往需要在源文件中包含一些标准的头文件。读者也许注意到了，本章程序包含 C++ 的头文件 <stdio.h>，但并没有包含任何 CUDA 相关的头文件。CUDA 中也有一些头文件，但是在使用 nvcc 编译器驱动编译 .cu 文件时，将自动包含必要的 CUDA 头文件，如 <cuda.h> 和 <cuda_runtime.h>。因为 <cuda.h> 包含 <stdlib.h>，故用 nvcc 编译 CUDA 程序时甚至不需要在 .cu 文件中包含 <stdlib.h>。当然，用户依然可以在 .cu 文件中包含 <stdlib.h>，因为（正确编写的）头文件不会在一个编译单元内被包含多次。本书会从第 4 章开始使用一个用户自定义头文件。

在第 14 章中将看到，在使用一些利用 CUDA 进行加速的应用程序库时，需要包含一些必要的头文件，并有可能还需要指定链接选项。

2.5 用 nvcc 编译 CUDA 程序

CUDA 的编译器驱动（compiler driver）nvcc 先将全部源代码分离为主机代码和设备代码。主机代码完整地支持 C++ 语法，但设备代码只部分地支持 C++。nvcc 先将设备代码编译为 PTX（parallel thread execution）伪汇编代码，再将 PTX 代码编译为二进制的 cubin 目标代码。在将源代码编译为 PTX 代码时，需要用选项 -arch=compute_XY 指定一个虚拟架构的计算能力，用以确定代码中能够使用的 CUDA 功能。在将 PTX 代码编译为 cubin 代码时，需要用选项 -code=sm_ZW 指定一个真实架构的计算能力，用以确定可执行文件能够使用的 GPU。真实架构的计算能力必须等于或者大于虚拟架构的计算能力。例如，可以用选项

```
-arch=compute_35 -code=sm_60
```

编译，但不能用选项

```
-arch=compute_60 -code=sm_35
```

编译（编译器会报错）。如果仅仅针对一个 GPU 编译程序，一般情况下建议将以上两个计算能力都选为所用 GPU 的计算能力。

用以上的方式编译出来的可执行文件只能在少数几个 GPU 中才能运行。选项 -code=sm_ZW 指定了 GPU 的真实架构为 Z.W。对应的可执行文件只能在主版本号为 Z 次版本号大于或等于 W 的 GPU 中运行。举例来说，由编译选项

```
-arch=compute_35 -code=sm_35
```

编译出来的可执行文件只能在计算能力为 3.5 和 3.7 的 GPU 中执行，而由编译选项

```
-arch=compute_35 -code=sm_60
```

编译出来的可执行文件只能在所有帕斯卡架构的 GPU 中执行。

如果希望编译出来的可执行文件能够在更多的 GPU 中执行，可以同时指定多组计算能力，每一组用如下形式的编译选项：

```
-gencode arch=compute_XY,code=sm_ZW
```

例如，用选项

```
-gencode arch=compute_35,code=sm_35
-gencode arch=compute_50,code=sm_50
-gencode arch=compute_60,code=sm_60
-gencode arch=compute_70,code=sm_70
```

编译出来的可执行文件将包含 4 个二进制版本，分别对应开普勒架构（不包含比较老的 3.0 和 3.2 的计算能力）、麦克斯韦架构、帕斯卡架构和伏特架构。这样的可执行文件称为胖二进制文件（fatbinary）。在不同架构的 GPU 中运行时会自动选择对应的二进制版本。需要注意的是，上述编译选项假定所使用的 CUDA 版本支持 7.0 的计算能力，也就是说，至少是 CUDA 9.0。如果在编译选项中指定了不被支持的计算能力，编译器会报错。另外，需要注意的是，过多地指定计算能力，会增加编译时间和可执行文件的大小。

nvcc 有一种称为即时编译（just-in-time compilation）的机制，可以在运行可执行文件时从其中保留的 PTX 代码临时编译出一个 cubin 目标代码。要在可执行文件中保留（或者说嵌入）一个这样的 PTX 代码，就必须用如下方式指定所保留 PTX 代码的虚拟架构：

```
-gencode arch=compute_XY,code=compute_XY
```

这里的两个计算能力都是虚拟架构的计算能力，必须完全一致。例如，假如我们处于只有 CUDA 8.0 的年代（不支持伏特架构），但希望编译出的二进制版本适用于尽可能多的 GPU，则可以用如下的编译选项：

```
-gencode arch=compute_35,code=sm_35
-gencode arch=compute_50,code=sm_50
-gencode arch=compute_60,code=sm_60
-gencode arch=compute_60,code=compute_60
```

其中，前 3 行的选项分别对应 3 个真实架构的 cubin 目标代码，第四行的选项对应保留的 PTX 代码。这样编译出来的可执行文件可以直接在伏特架构的 GPU 中运行，只不过不一定能充分利用伏特架构的硬件功能。在伏特架构的 GPU 中运行时，会根据虚拟架构为 6.0 的 PTX 代码即时地编译出一个适用于当前 GPU 的目标代码。

在学习 CUDA 编程时，有一个简化的编译选项可以使用：

```
-arch=sm_XY
```

它等价于

```
-gencode arch=compute_XY,code=sm_XY
-gencode arch=compute_XY,code=compute_XY
```

例如，在作者的装有 GeForce RTX 2070 的计算机中，可以用选项 `-arch=sm_75` 编译一个 CUDA 程序。

读者也许注意到了，本章的程序在编译时并没有通过编译选项指定计算能力。这是因为编译器有一个默认的计算能力。以下是各个 CUDA 版本中的编译器在编译 CUDA 代码时默认的计算能力。

(1) CUDA 6.0 及更早的：默认的计算能力是 1.0。

(2) CUDA 6.5～CUDA 8.0：默认的计算能力是 2.0。

(3) CUDA 9.0～CUDA 10.2：默认的计算能力是 3.0。

作者所用的 CUDA 版本是 10.1，故本章的程序在编译时实际上使用了 3.0 的计算能力。如果用 CUDA 6.0 进行编译，并且不指定一个计算能力，则会使用默认的 1.0 的计算能力。此时，本章的程序将无法正确地编译，因为从 GPU 中直接向屏幕输出信息是从计算能力 2.0 才开始支持的功能。正如在第 1 章强调过的，本书中的所有示例程序都可以在 CUDA 9.0～10.2 中进行测试。

关于 nvcc 编译器驱动更多的介绍，请参考如下官方文档：https://docs.nvidia.com/cuda/cuda-compiler-driver-nvcc。

第 3 章

简单CUDA程序的基本框架

第 2 章通过经典的 Hello World 程序介绍了 CUDA 中的线程组织。学会了编写与运行 Hello World 程序，就对 CUDA 编程有了一个初步的认识。然而，用 printf() 函数直接从核函数中输出数据只有在调试（debug）程序时才偶尔用到。从本章开始，我们将告别 Hello World 程序，学习编写更加有用的 CUDA 程序。本章将通过数组相加的计算讲解 CUDA 程序的基本框架。

3.1 例子：数组相加

考虑一个简单的计算：求两个具有同样长度的一维数组的对应元素之和。该计算是非常简单的。可以写出如 Listing 3.1 所示的 C++ 程序。

Listing 3.1　本章程序 add.cpp 中的内容

```
1  #include <math.h>
2  #include <stdlib.h>
3  #include <stdio.h>
4
5  const double EPSILON = 1.0e-15;
6  const double a = 1.23;
7  const double b = 2.34;
8  const double c = 3.57;
9  void add(const double *x, const double *y, double *z, const int N);
10 void check(const double *z, const int N);
11
12 int main(void)
13 {
14     const int N = 100000000;
15     const int M = sizeof(double) * N;
16     double *x = (double*) malloc(M);
17     double *y = (double*) malloc(M);
18     double *z = (double*) malloc(M);
```

```
19
20      for (int n = 0; n < N; ++n)
21      {
22          x[n] = a;
23          y[n] = b;
24      }
25
26      add(x, y, z, N);
27      check(z, N);
28
29      free(x);
30      free(y);
31      free(z);
32      return 0;
33  }
34
35  void add(const double *x, const double *y, double *z, const int N)
36  {
37      for (int n = 0; n < N; ++n)
38      {
39          z[n] = x[n] + y[n];
40      }
41  }
42
43  void check(const double *z, const int N)
44  {
45      bool has_error = false;
46      for (int n = 0; n < N; ++n)
47      {
48          if (fabs(z[n] - c) > EPSILON)
49          {
50              has_error = true;
51          }
52      }
53      printf("%s\n", has_error ? "Has errors" : "No errors");
54  }
```

用 g++ 编译运行该程序，将在屏幕输出 No errors，表示 add() 函数的计算结果正确。对该程序的解释如下：

(1) 在主函数中，第 16~18 行先定义了 3 个双精度浮点数类型的指针变量，然后将它们指向由函数 malloc()（在头文件 <stdlib.h> 中声明）分配的内存，从而得到 3 个长度为 10^8 的一维数组。这将需要约 2.4 GB 的主机内存。后面的 CUDA

程序也至少需要有 2.4 GB 的设备内存。如果读者的主机或者设备内存不够多，可以适当调整本书范例中相关数组的大小后再进行测试。

(2) 第 20~24 行将数组 x 和 y 中的每个元素分别初始化为 1.23 和 2.34。

(3) 第 26 行调用自定义函数 `add()` 计算数组 x 与数组 y 的和，将结果存放在数组 z 中。

(4) 第 27 行用一个自定义的 `check()` 函数检验数组 z 中的每个元素是不是都是正确值 3.57。注意：在判断两个浮点数是否相等时，不能用运算符 `==`，而要将这两个数的差的绝对值与一个很小的数进行比较。在上述程序中，我们假定，当两个双精度浮点数的差的绝对值小于 10^{-15} 时它们就是相等的。求绝对值的函数在 C++ 头文件 `<math.h>` 中声明，故需要在程序开头包含此头文件。

(5) 第 29~31 行释放分配的内存。

3.2 CUDA 程序的基本框架

在现实的中、大型程序中，往往使用多个源文件，每个源文件又包含多个函数。本书第 13 章的例子就是这样。然而，在其他章节的例子中，我们只使用一个源文件，其中包含一个主函数和若干其他函数（包括 C++ 自定义函数和 CUDA 核函数）。在这种情况下，一个典型的 CUDA 程序的基本框架见 Listing 3.2。

Listing 3.2 一个典型的 CUDA 程序的基本框架

```
1  头文件包含
2  常量定义（或者宏定义）
3  C++ 自定义函数和CUDA 核函数的声明（原型）
4  int main(void)
5  {
6      分配主机与设备内存
7      初始化主机中的数据
8      将某些数据从主机复制到设备
9      调用核函数在设备中进行计算
10     将某些数据从设备复制到主机
11     释放主机与设备内存
12 }
13 C++ 自定义函数和CUDA 核函数的定义（实现）
```

在上述 CUDA 程序的基本框架中，有很多内容还没有介绍。但是，我们先把利用 CUDA 求数组之和的全部源代码列出来，之后再逐步讲解。Listing 3.3 给出了除 check() 函数定义（该函数和前一个 C++ 程序中的同名函数具有相同的定义）外的全部源代码。

Listing 3.3 本章程序 add1.cu 中的大部分内容

```
#include <math.h>
#include <stdio.h>

const double EPSILON = 1.0e-15;
const double a = 1.23;
const double b = 2.34;
const double c = 3.57;
void __global__ add(const double *x, const double *y, double *z);
void check(const double *z, const int N);

int main(void)
{
    const int N = 100000000;
    const int M = sizeof(double) * N;
    double *h_x = (double*) malloc(M);
    double *h_y = (double*) malloc(M);
    double *h_z = (double*) malloc(M);

    for (int n = 0; n < N; ++n)
    {
        h_x[n] = a;
        h_y[n] = b;
    }

    double *d_x, *d_y, *d_z;
    cudaMalloc((void **)&d_x, M);
    cudaMalloc((void **)&d_y, M);
    cudaMalloc((void **)&d_z, M);
    cudaMemcpy(d_x, h_x, M, cudaMemcpyHostToDevice);
    cudaMemcpy(d_y, h_y, M, cudaMemcpyHostToDevice);

    const int block_size = 128;
    const int grid_size = N / block_size;
    add<<<grid_size, block_size>>>(d_x, d_y, d_z);

    cudaMemcpy(h_z, d_z, M, cudaMemcpyDeviceToHost);
    check(h_z, N);

    free(h_x);
```

```
40      free(h_y);
41      free(h_z);
42      cudaFree(d_x);
43      cudaFree(d_y);
44      cudaFree(d_z);
45      return 0;
46  }
47
48  void __global__ add(const double *x, const double *y, double *z)
49  {
50      const int n = blockDim.x * blockIdx.x + threadIdx.x;
51      z[n] = x[n] + y[n];
52  }
```

用 nvcc 编译该程序，并指定与 GeForce RTX 2070 对应的计算能力（读者可以选用自己所用 GPU 的计算能力）：

```
$ nvcc -arch=sm_75 add1.cu
```

将得到一个可执行文件 a.out。运行该程序得到的输出应该与前面 C++ 程序所得到的输出一样，说明得到了预期的结果。

值得注意的是，当使用较大的数据量时，网格大小往往很大。例如，本例中的网格大小为 $10^8/128 = 781250$。如果读者使用 CUDA 8.0，而在用 nvcc 编译程序时又忘了指定一个计算能力，那就会根据默认的 2.0 的计算能力编译程序。对于该计算能力，网格大小在 x 方向的上限为 65535，小于本例中所使用的值。这将导致程序无法正确地执行。这是初学者需要特别注意的一个问题。下面对该程序进行详细的讲解。

3.2.1　隐形的设备初始化

在 CUDA 运行时 API 中，没有明显地初始化设备（即 GPU）的函数。在第一次调用一个和设备管理及版本查询功能无关的运行时 API 函数时，设备将自动初始化。

3.2.2　设备内存的分配与释放

在上述程序中，首先在主机中定义了 3 个数组并进行了初始化。这与之前 C++ 版本的相应部分是一样的。然后，第 25~28 行在设备中也定义了 3 个数组并分配了内存（显存）。第 25 行就是定义 3 个双精度类型变量的指针。如果不看后面的代码，我们并不知道这 3 个指针会指向哪些内存区域。只有通过第 26~28 行的 cudaMalloc() 函数才能确定它们将指向设备中的内存，而不是主机中的内存。该函数是一个 CUDA 运行时 API 函数。所有 CUDA 运行时 API 函数都以 cuda 开头。本书仅涉及极少数的 CUDA 运行时 API 函数。完整的列表见如下网页（一个几百页的手册）：https://docs.nvidia.com/cuda/cuda-runtime-api。

正如在 C++ 中可由 malloc() 函数动态分配内存，在 CUDA 中，设备内存的动态分配可由 cudaMalloc() 函数实现。该函数的原型如下：

```
cudaError_t cudaMalloc(void **address, size_t size);
```

其中：

(1) 第一个参数 address 是待分配设备内存的指针。注意：因为内存（地址）本身就是一个指针，所以待分配设备内存的指针就是指针的指针，即双重指针。

(2) 第二个参数 size 是待分配内存的字节数。

(3) 返回值是一个错误代号。如果调用成功，则返回 cudaSuccess，否则返回一个代表某种错误的代号（第 4 章将进一步讨论）。

该函数为某个变量分配 size 字节的线性内存（linear memory）。初学者不必深究什么是线性内存，也暂时不用关心该函数的返回值。在第 26~28 行，我们忽略了函数 cudaMalloc() 的返回值。这几行代码用到的参数 M 是所分配内存的字节数，即 sizeof(double)*N。注意：虽然在很多情况下 sizeof(double) 等于 8，但用 sizeof(double) 是更加通用、安全的做法。

调用函数 cudaMalloc() 时传入的第一个参数 (void**)&d_x 稍难理解。我们知道 d_x 是一个 double 类型的指针，那么它的地址 &d_x 就是 double 类型的双重指针。而 (void**) 是一个强制类型转换操作，将一个某种类型的双重指针转换为一个 void 类型的双重指针。这种类型转换可以不明确地写出来，即对函数 cudaMalloc() 的调用可以简写为

```
cudaMalloc(&d_x, M);
```

读者可以自行试一试。

读者也许会问，cudaMalloc() 函数为什么需要一个双重指针作为变量呢？这是因为（以第 26 行为例），该函数的功能是改变指针 d_x 本身的值（将一个指针赋值给 d_x），而不是改变 d_x 所指内存缓冲区中的变量值。在这种情况下，必须将 d_x 的地址 &d_x 传给函数 cudaMalloc() 才能达到此效果。这是 C++ 编程中非常重要的一点。如果读者对指针的概念比较模糊，请务必阅读相关资料，查漏补缺。从另一个角度来说，函数 cudaMalloc() 要求用传双重指针的方式改变一个指针的值，而不是直接返回一个指针，是因为该函数已经将返回值用于返回错误代号，而 C++ 又不支持多个返回值。

总之，用 cudaMalloc() 函数可以为不同类型的指针变量分配设备内存。注意：为了区分主机和设备中的变量，我们（遵循 CUDA 编程的传统）用 d_ 作为所有设备变量的前缀，而用 h_ 作为对应主机变量的前缀。

正如用 malloc() 函数分配的主机内存需要用 free() 函数释放一样，用 cudaMalloc() 函数分配的设备内存需要用 cudaFree() 函数释放。该函数的原型为

```
cudaError_t cudaFree(void* address);
```

这里，参数 address 就是待释放的设备内存变量（不是双重指针）。返回值是一个错误代号。如果调用成功，返回 cudaSuccess。

主机内存也可由 C++ 中的 new 运算符动态分配，并由 delete 运算符释放。读者可以将程序 add1.cu 中的 malloc() 和 free() 语句分别换成用 new 和 delete 实现的等价的语句，看看是否能正确地编译、运行。

在分配与释放各种内存时，相应的操作一定要两两配对，否则将有可能出现内存错误。将程序 add1.cu 中的 cudaFree() 改成 free()，虽然能够正确地编译，而且能够在屏幕输出 No errors 的结果，但在程序退出之前，还是会出现所谓的段错误（segmentation fault）。读者可以自行试一试。主动尝试错误是编程学习中非常重要的技巧，因为通过它可以熟悉各种编译和运行错误，提高排错能力。

从计算能力 2.0 开始，CUDA 还允许在核函数内部用 malloc() 和 free() 动态地分配与释放一定数量的全局内存。一般情况下，这样容易导致较差的程序性能，不建议使用。如果发现有这样的需求，可能需要思考如何重构算法。

3.2.3　主机与设备之间数据的传递

在分配了设备内存之后，就可以将某些数据从主机传递到设备中去了。第 29~30 行将主机中存放在 h_x 和 h_y 中的数据复制到设备中的相应变量 d_x 和 d_y 所指向的缓冲区中。这里用到了 CUDA 运行时 API 函数 cudaMemcpy()，其原型如下：

```
cudaError_t cudaMemcpy
(
    void                *dst,
    const void          *src,
    size_t              count,
    enum cudaMemcpyKind kind
);
```

其中：

(1) 第一个参数 dst 是目标地址。

(2) 第二个参数 src 是源地址。

(3) 第三个参数 count 是复制数据的字节数。

(4) 第四个参数 kind 是一个枚举类型的变量，标志数据传递方向。它只能取如下几个值：

1) cudaMemcpyHostToHost，表示从主机复制到主机。

2) cudaMemcpyHostToDevice，表示从主机复制到设备。

3) cudaMemcpyDeviceToHost，表示从设备复制到主机。

4) cudaMemcpyDeviceToDevice，表示从设备复制到设备。

5) cudaMemcpyDefault，表示根据指针 dst 和 src 所指地址自动判断数据传输的方向。这要求系统具有统一虚拟寻址（unified virtual addressing）的功能（要求 64 位的主机）。CUDA 正在逐步放弃对 32 位主机的支持，故一般情况下用该选项自动确定数据传输方向是没有问题的。至于是明确地指定传输方向更好，还是利用自动判断更好，则是一个仁者见仁、智者见智的问题。

(5) 返回值是一个错误代号。如果调用成功，则返回 cudaSuccess。

(6) 该函数的作用是将一定字节数的数据从源地址所指缓冲区复制到目标地址所指缓冲区。

回头看程序的第 29 行。它的作用就是将 h_x 指向的主机内存中 M 字节的数据复制到 d_x 指向的设备内存中。因为这里的源地址是主机中的内存，目标地址是设备中的内存，所以第四个参数必须是 cudaMemcpyHostToDevice 或 cudaMemcpyDefault，否则将导致错误。

类似地，在调用核函数进行计算，得到需要的数据之后，我们需要将设备中的数据复制到主机，这正是第 36 行的代码所做的事情。该行代码的作用就是将 d_z 指向的设备内存中 M 字节的数据复制到 h_z 指向的主机内存中去。因为这里的源地址是设备中的内存，目标地址是主机中的内存，所以第四个参数必须是 cudaMemcpyDeviceToHost 或 cudaMemcpyDefault，否则将导致错误。

在本章的程序 add2wrong.cu 中，作者故意将第 29~30 行的传输方向参数写成了 cudaMemcpyDeviceToHost。请读者编译、运行该程序，看看会得到什么结果。

3.2.4 核函数中数据与线程的对应

将有关的数据从主机传至设备之后，就可以调用核函数在设备中进行计算了。第 32~34 行确定了核函数的执行配置：使用具有 128 个线程的一维线程块，一共有 $10^8/128$ 个这样的线程块。仔细比较程序 add.cpp 中的主机端函数（第 35~41 行）和程序 add1.cu 中的设备端函数（第 48~52 行），可以看出，将主机中的函数改为设备中的核函数是非常简单的：基本上就是去掉一层循环。在主机函数中，需要依次对数组的每一个元素进行操作，所以需要使用一个循环。在设备的核函数中，用“单指令–多线程”的方式编写代码，故可去掉该循环，只需将数组元素指标与线程指标一一对应即可。

例如，在上述核函数中，使用了语句

```
const int n = blockDim.x * blockIdx.x + threadIdx.x;
```

来确定对应方式。赋值号右边只出现标记线程的内建变量，左边的 n 是后面代码中将要用到的数组元素指标。在这种情况下，第 0 号线程块中的 blockDim.x 个线程对应于第 0 个到第 blockDim.x-1 个数组元素，第 1 号线程块中的 blockDim.x 个线程对应于第 blockDim.x 个到第 2*blockDim.x-1 个数组元素，第 2 号线程块中的 blockDim.x 个线程对应于第 2*blockDim.x 个到第 3*blockDim.x-1 个数组元素，以此类推。这里的 blockDim.x 等于执行配置中指定的（一维）线程块大小。核函数中定义的线程数目与数组元素数目一样，都是 10^8。在将线程指标与数据指标一一对应之后，就可以对数组元素进行操作了。该操作的语句

```
z[n] = x[n] + y[n];
```

在主机函数中和核函数中是一样的。通常，在写出一个主机端的函数后，翻译成核函数是非常直接的。值得一提的是，在调试程序时，也可以仅仅使用一个线程。为此，可以先将核函数中的代码改成对应主机函数中的代码（即有 for 循环的代码），然后用执行配置 <<<1, 1>>> 调用核函数。

3.2.5　核函数的要求

核函数无疑是 CUDA 编程中最重要的方面。我们这里列出编写核函数时要注意的几点:

(1) 核函数的返回类型必须是 void。所以，在核函数中可以用 return 关键字，但不可返回任何值。

(2) 必须使用限定符 __global__。也可以加上一些其他 C++ 中的限定符，如 static。限定符的次序可任意。

(3) 函数名无特殊要求，而且支持 C++ 中的重载（overload），即可以用同一个函数名表示具有不同参数列表的函数。

(4) 不支持可变数量的参数列表，即参数的个数必须确定。

(5) 可以向核函数传递非指针变量（如例子中的 int N），其内容对每个线程可见。

(6) 除非使用统一内存编程机制（将在第 12 章介绍），否则传给核函数的数组（指针）必须指向设备内存。

(7) 核函数不可成为一个类的成员。通常的做法是用一个包装函数调用核函数，而将包装函数定义为类的成员。

(8) 在计算能力 3.5 之前，核函数之间不能相互调用。从计算能力 3.5 开始，引入了动态并行（dynamic parallelism）机制，在核函数内部可以调用其他核函数，

甚至可以调用自己（递归函数）。但本书不讨论动态并行，感兴趣的读者请参考《CUDA C++ Programming Guide》的附录 D。

(9) 无论是从主机调用，还是从设备调用，核函数都是在设备中执行。调用核函数时必须指定执行配置，即三括号及其中的参数。在本例中，选取的线程块大小为 128，网格大小为数组元素个数除以线程块大小，即 $10^8/128 = 781250$。

3.2.6 核函数中 if 语句的必要性

前面的核函数根本没有使用参数 N。当 N 是 blockDim.x（即 block_size）的整数倍时，不会引起问题，因为核函数中的线程数目刚好等于数组元素的个数。然而，当 N 不是 blockDim.x 的整数倍时，就有可能引发错误。

我们将 N 改为 $10^8 + 1$，而且依然取 block_size 等于 128。此时，我们首先面临的一个问题就是，grid_size 应该取多大？用 N 除以 block_size，商为 781250，余数为 1。显然，我们不能取 grid_size 为 781250，因为这样只能定义 10^8 个线程，在用一个线程对应一个数组元素的方案下无法处理剩下的 1 个元素。实际上，我们可以将 grid_size 取为 781251，使得定义的线程数为 $10^8 + 128$。虽然定义的总线程数多于元素个数，但我们可以通过条件语句规避不需要的线程操作。据此，我们可以写出如 Listing 3.4 所示的核函数。此时，在主机中调用该核函数时所用的 grid_size 为

```
int grid_size  = (N - 1) / block_size + 1;
```

或者

```
int grid_size  = (N + block_size - 1) / block_size;
```

以上两个语句都等价于下述语句：

```
int grid_size = (N % block_size == 0)
              ? (N / block_size)
              : (N / block_size + 1);
```

因为此时线程数（$10^8 + 128$）多于数组元素个数（$10^8 + 1$），所以如果去掉 if 语句，则会出现非法的设备内存操作，可能导致不可预料的错误。这是在 CUDA 编程中一定要避免的。另外，虽然核函数不允许有返回值，但还是可以使用 return 语句。上述核函数中的代码也可以写为如下等价的形式：

```
const int n = blockDim.x * blockIdx.x + threadIdx.x;
if (n >= N) return;
z[n] = x[n] + y[n];
```

Listing 3.4 本章程序 add3if.cu 中的核函数定义

```
1 void __global__ add(const double *x, const double *y, double *z, const
      int N)
2 {
3     const int n = blockDim.x * blockIdx.x + threadIdx.x;
4     if (n < N)
5     {
6         z[n] = x[n] + y[n];
7     }
8 }
```

3.3 自定义设备函数

核函数可以调用不带执行配置的自定义函数，这样的自定义函数称为设备函数（device function）。它是在设备中执行，并在设备中被调用的。与之相比，核函数是在设备中执行，但在主机端被调用的。现在也支持在一个核函数中调用其他核函数，甚至调用该核函数本身，但本书不涉及这方面的内容。设备函数的定义与使用涉及 CUDA 中函数执行空间标识符的概念。我们先对此进行介绍，然后以数组相加的程序为例展示设备函数的定义与调用。

3.3.1 函数执行空间标识符

在 CUDA 程序中，由以下标识符确定一个函数在哪里被调用，以及在哪里执行：

(1) 用 `__global__` 修饰的函数称为核函数，一般由主机调用，在设备中执行。如果使用动态并行，则也可以在核函数中调用自己或其他核函数。

(2) 用 `__device__` 修饰的函数称为设备函数，只能被核函数或其他设备函数调用，在设备中执行。

(3) 用 `__host__` 修饰的函数就是主机端的普通 C++ 函数，在主机中被调用，在主机中执行。对于主机端的函数，该修饰符可省略。之所以提供这样一个修饰符，是因为有时可以用 `__host__` 和 `__device__` 同时修饰一个函数，使得该函数既是一个 C++ 中的普通函数，又是一个设备函数。这样做可以减少冗余代码。编译器将针对主机和设备分别编译该函数。

(4) 不能同时用 `__device__` 和 `__global__` 修饰一个函数，即不能将一个函数同时定义为设备函数和核函数。

(5) 也不能同时用 __host__ 和 __global__ 修饰一个函数，即不能将一个函数同时定义为主机函数和核函数。

(6) 编译器决定把设备函数当作内联函数（inline function）或非内联函数，但可以用修饰符 __noinline__ 建议一个设备函数为非内联函数（编译器不一定接受），也可以用修饰符 __forceinline__ 建议一个设备函数为内联函数。

3.3.2 例子：为数组相加的核函数定义一个设备函数

Listing 3.5 给出了 3 个版本的设备函数及调用它们的核函数。这 3 个版本的设备函数分别利用返回值、指针和引用（reference）返回结果。这里涉及的语法和 C++ 中函数定义与调用的语法是一致的，故不再多做解释。这几种定义设备函数的方式不会导致程序性能的差别，读者可选择自己喜欢的风格。

Listing 3.5 本章程序 add4device.cu 中的核函数和设备函数的定义

```
1  // 版本一：有返回值的设备函数
2  double __device__ add1_device(const double x, const double y)
3  {
4      return (x + y);
5  }
6
7  void __global__ add1(const double *x, const double *y, double *z,
       const int N)
8  {
9      const int n = blockDim.x * blockIdx.x + threadIdx.x;
10     if (n < N)
11     {
12         z[n] = add1_device(x[n], y[n]);
13     }
14 }
15
16 //版本二：用指针的设备函数
17 void __device__ add2_device(const double x, const double y, double *z)
18 {
19     *z = x + y;
20 }
21
22 void __global__ add2(const double *x, const double *y, double *z,
       const int N)
23 {
24     const int n = blockDim.x * blockIdx.x + threadIdx.x;
25     if (n < N)
```

```
26      {
27          add2_device(x[n], y[n], &z[n]);
28      }
29  }
30
31  // 版本三：用引用（reference）的设备函数
32  void __device__ add3_device(const double x, const double y, double &z)
33  {
34      z = x + y;
35  }
36
37  void __global__ add3(const double *x, const double *y, double *z,
        const int N)
38  {
39      const int n = blockDim.x * blockIdx.x + threadIdx.x;
40      if (n < N)
41      {
42          add3_device(x[n], y[n], z[n]);
43      }
44  }
```

第 4 章

CUDA程序的错误检测

和编写 C++ 程序一样，编写 CUDA 程序时难免会出现各种各样的错误。有的错误在编译的过程中就可以被编译器捕捉，称为编译错误。有的错误在编译期间没有被发现，但在运行的时候出现，称为运行时刻的错误。一般来说，运行时刻的错误更难排除。本章讨论如何检测运行时刻的错误，包括使用一个检查 CUDA 运行时 API 函数返回值的宏函数及使用 CUDA-MEMCHECK 工具。

4.1 一个检测 CUDA 运行时错误的宏函数

在第 3 章，我们学习了一些 CUDA 运行时 API 函数，如分配设备内存的函数 cudaMalloc()、释放设备内存的函数 cudaFree() 及传输数据的函数 cudaMemcpy()。所有 CUDA 运行时 API 函数都是以 cuda 为前缀的，而且都有一个类型为 cudaError_t 的返回值，代表了一种错误信息。只有返回值为 cudaSuccess 时，才代表成功地调用了 API 函数。

根据这样的规则，我们可以写出一个头文件（error.cuh），它包含一个检测 CUDA 运行时错误的宏函数（macro function），见 Listing 4.1。对该宏函数的解释如下。

Listing 4.1 本书中使用的一个检测 CUDA 运行时错误的宏函数

```
1   #pragma once
2   #include <stdio.h>
3
4   #define CHECK(call)                                              \
5   do                                                               \
6   {                                                                \
7       const cudaError_t error_code = call;                         \
8       if (error_code != cudaSuccess)                               \
9       {                                                            \
10          printf("CUDA Error:\n");                                 \
11          printf("    File:       %s\n", __FILE__);                \
```

```
12          printf("    Line:         %d\n", __LINE__);                 \
13          printf("    Error code: %d\n", error_code);                 \
14          printf("    Error text: %s\n", cudaGetErrorString
                  (error_code));                                       \
15          exit(1);                                                    \
16      }                                                               \
17  } while (0)
```

(1) 该文件开头一行的 #pragma once 是一个预处理指令，其作用是确保当前文件在一个编译单元中不被重复包含。该预处理指令和如下复合的预处理指令作用相当，但更加简洁：

```
#ifndef ERROR_CUH_
#define ERROR_CUH_
    头文件中的内容（即上述文件中第2～17行的内容）
#endif
```

(2) 该宏函数的名称是 CHECK，参数 call 是一个 CUDA 运行时 API 函数。

(3) 在定义宏时，如果一行写不下，则需要在行末写 \，表示续行。

(4) 第 7 行定义了一个 cudaError_t 类型的变量 error_code，并初始化为参数 call 的返回值。

(5) 第 8 行判断该变量的值是否为 cudaSuccess。如果不是，在第 9~16 行报告相关文件、行数、错误代号及错误的文字描述并退出程序。cudaGetErrorString() 显然也是一个 CUDA 运行时 API 函数，作用是将错误代号转化为错误的文字描述。

在使用该宏函数时，只要将一个 CUDA 运行时 API 函数当作参数传入该宏函数即可。例如，如下宏函数的调用

```
CHECK(cudaFree(d_x));
```

将会被展开为 Listing 4.2 所示的代码段。

Listing 4.2 宏函数调用的展开

```
1  do
2  {
3      const cudaError_t error_code = cudaFree(d_x);
4      if (error_code != cudaSuccess)
5      {
6          printf("CUDA Error:\n");
7          printf("    File:         %s\n", __FILE__);
8          printf("    Line:         %d\n", __LINE__);
```

```
9           printf("    Error code: %d\n", error_code);
10          printf("    Error text: %s\n", cudaGetErrorString(error_code));
11          exit(1);
12      }
13  } while (0);
```

读者可能会问，宏函数的定义中为什么用了一个 do-while 语句？不用该语句在大部分情况下也是可以的，但在某些情况下不安全（这里不对此展开讨论，感兴趣的读者可自行研究）。也可以不用宏函数，而用普通的函数，但此时必须将宏 __FILE__ 和 __LINE__ 传给该函数，这样用起来不如宏函数简洁。

4.1.1 检查运行时 API 函数

作为一个例子，我们将第 3 章程序 add2wrong.cu 中的 CUDA 运行时 API 函数都用宏函数 CHECK 进行包装，得到 check1api.cu，部分代码见 Listing 4.3。在该文件的开头，包含上述头文件：

```
#include "error.cuh"
```

第 27~29 行对分配设备内存的函数进行了检查；第 30~31 行及第 37 行对数据传输的函数进行了检查；第 43~45 行对释放设备内存的函数进行了检查。用

```
$ nvcc -arch=sm_75 check1api.cu
```

编译该程序，然后运行得到的可执行文件，将得到如下输出：

```
CUDA Error:
    File:       check1api.cu
    Line:       30
    Error code: 11
    Error text: invalid argument
```

可见，宏函数正确地捕捉到了运行时刻的错误，告诉我们文件 check1api.cu 的第 30 行代码中出现了非法参数。非法参数指的是 cudaMemcpy() 函数的参数有问题，因为我们故意将 cudaMemcpyHostToDevice 写成了 cudaMemcpyDeviceToHost。可见，用了检查错误的宏函数之后，我们可以得到更有用的错误信息，而不仅仅是一个错误的运行结果。从这里开始，我们将坚持用这个宏函数包装大部分 CUDA 运行时 API 函数。有一个例外是 cudaEventQuery() 函数，因为它很有可能返回 cudaErrorNotReady，但又不代表程序出错了。

Listing 4.3 本章程序 check1api.cu 中的部分代码

```
1  #include "error.cuh"
2  #include <math.h>
```

```
3   #include <stdio.h>
4
5   const double EPSILON = 1.0e-15;
6   const double a = 1.23;
7   const double b = 2.34;
8   const double c = 3.57;
9   void __global__ add(const double *x, const double *y, double *z, const
        int N);
10  void check(const double *z, const int N);
11
12  int main(void)
13  {
14      const int N = 100000000;
15      const int M = sizeof(double) * N;
16      double *h_x = (double*) malloc(M);
17      double *h_y = (double*) malloc(M);
18      double *h_z = (double*) malloc(M);
19
20      for (int n = 0; n < N; ++n)
21      {
22          h_x[n] = a;
23          h_y[n] = b;
24      }
25
26      double *d_x, *d_y, *d_z;
27      CHECK(cudaMalloc((void **)&d_x, M));
28      CHECK(cudaMalloc((void **)&d_y, M));
29      CHECK(cudaMalloc((void **)&d_z, M));
30      CHECK(cudaMemcpy(d_x, h_x, M, cudaMemcpyDeviceToHost));
31      CHECK(cudaMemcpy(d_y, h_y, M, cudaMemcpyDeviceToHost));
32
33      const int block_size = 128;
34      const int grid_size = (N + block_size - 1) / block_size;
35      add<<<grid_size, block_size>>>(d_x, d_y, d_z, N);
36
37      CHECK(cudaMemcpy(h_z, d_z, M, cudaMemcpyDeviceToHost));
38      check(h_z, N);
39
40      free(h_x);
41      free(h_y);
42      free(h_z);
43      CHECK(cudaFree(d_x));
44      CHECK(cudaFree(d_y));
```

```
45        CHECK(cudaFree(d_z));
46        return 0;
47    }
```

4.1.2 检查核函数

用上述方法不能捕捉调用核函数的相关错误，因为核函数不返回任何值（回顾一下，核函数必须用 void 修饰）。有一个方法可以捕捉调用核函数可能发生的错误，即在调用核函数之后加上如下两条语句：

```
CHECK(cudaGetLastError());
CHECK(cudaDeviceSynchronize());
```

其中，第一条语句的作用是捕捉第二个语句之前的最后一个错误，第二条语句的作用是同步主机与设备。之所以要同步主机与设备，是因为核函数的调用是异步的，即主机发出调用核函数的命令后会立即执行后面的语句，不会等待核函数执行完毕。关于核函数调用的异步性，我们将在第 11 章中详细讨论。在这之前，我们无须对此深究。需要注意的是，上述同步函数是比较耗时的，如果在程序的较内层循环调用的话，很可能会严重降低程序的性能。所以，一般不在程序的较内层循环调用上述同步函数。只要在核函数的调用之后还有对其他任何能返回错误值的 API 函数进行同步调用，都能够触发主机与设备的同步并捕捉到核函数调用中可能发生的错误。

为了展示对核函数调用的检查，我们在第 3 章的程序 add1.cu 的基础上写一个有错误的程序 check2kernel.cu，见 Listing 4.4。在第 2 章我们提到过，线程块大小的最大值是 1024（这对从开普勒到图灵的所有架构都成立）。假如我们不小心将核函数执行配置中的线程块大小写成了 1280，该核函数将不能被成功地调用。第 36 行的代码成功地捕获了该错误，告诉我们程序中核函数的执行配置参数有误：

```
CUDA Error:
    File:       check2kernel.cu
    Line:       36
    Error code: 9
    Error text: invalid configuration argument
```

如果不用宏函数检查（即去掉第 36~37 行的代码），则很难知道错误的原因，只能看到程序给出 Has errors 的输出结果（因为执行配置错误，核函数无法正确执行，从而无法计算出正确的结果）。

Listing 4.4 本章检查核函数调用的示例程序中的部分代码

```
1  #include "error.cuh"
2  #include <math.h>
3  #include <stdio.h>
4
5  const double EPSILON = 1.0e-15;
6  const double a = 1.23;
7  const double b = 2.34;
8  const double c = 3.57;
9  void __global__ add(const double *x, const double *y, double *z, const
       int N);
10 void check(const double *z, const int N);
11
12 int main(void)
13 {
14     const int N = 100000000;
15     const int M = sizeof(double) * N;
16     double *h_x = (double*) malloc(M);
17     double *h_y = (double*) malloc(M);
18     double *h_z = (double*) malloc(M);
19
20     for (int n = 0; n < N; ++n)
21     {
22         h_x[n] = a;
23         h_y[n] = b;
24     }
25
26     double *d_x, *d_y, *d_z;
27     CHECK(cudaMalloc((void **)&d_x, M));
28     CHECK(cudaMalloc((void **)&d_y, M));
29     CHECK(cudaMalloc((void **)&d_z, M));
30     CHECK(cudaMemcpy(d_x, h_x, M, cudaMemcpyHostToDevice));
31     CHECK(cudaMemcpy(d_y, h_y, M, cudaMemcpyHostToDevice));
32
33     const int block_size = 1280;
34     const int grid_size = (N + block_size - 1) / block_size;
35     add<<<grid_size, block_size>>>(d_x, d_y, d_z, N);
36     CHECK(cudaGetLastError());
37     CHECK(cudaDeviceSynchronize());
38
39     CHECK(cudaMemcpy(h_z, d_z, M, cudaMemcpyDeviceToHost));
40     check(h_z, N);
41
```

```
42        free(h_x);
43        free(h_y);
44        free(h_z);
45        CHECK(cudaFree(d_x));
46        CHECK(cudaFree(d_y));
47        CHECK(cudaFree(d_z));
48        return 0;
49    }
```

在该例子中，去掉第 37 行对同步函数的调用也能成功地捕捉到上述错误信息。这是因为，第 39 行的数据传输函数起到了一种隐式的（implicit）同步主机与设备的作用。在一般情况下，如果要获得精确的出错位置，还是需要显式的（explicit）同步。例如，调用 cudaDeviceSynchronize() 函数，或者临时将环境变量 CUDA_LAUNCH_BLOCKING 的值设置为 1：

```
$ export CUDA_LAUNCH_BLOCKING=1
```

这样设置之后，所有核函数的调用都将不再是异步的，而是同步的。也就是说，主机调用一个核函数之后，必须等待核函数执行完毕，才能继续向下执行。这样的设置一般来说仅适用于调试程序，因为它会影响程序的性能。

4.2 用 CUDA-MEMCHECK 检查内存错误

CUDA 提供了名为 CUDA-MEMCHECK 的工具集，具体包括 memcheck、racecheck、initcheck、synccheck 共 4 个工具。它们可由可执行文件 cuda-memcheck 调用：

```
$ cuda-memcheck --tool memcheck [options] app_name [options]
$ cuda-memcheck --tool racecheck [options] app_name [options]
$ cuda-memcheck --tool initcheck [options] app_name [options]
$ cuda-memcheck --tool synccheck [options] app_name [options]
```

对于 memcheck 工具，可以简化为

```
$ cuda-memcheck [options] app_name [options]
```

我们这里只给出一个使用 memcheck 工具的例子。如果将第 3 章的文件 add3if.cu 中的 if 语句去掉，编译后用

```
$ cuda-memcheck ./a.out
```

运行程序，可得到一大串输出，其中最后一行为（读者得到的数字可能不一定是下面的 36）

```
========= ERROR SUMMARY: 36 error
```

这说明程序有内存错误，与第 3 章的讨论一致。将 if 语句加上，编译后再用

```
$ cuda-memcheck ./a.out
```

运行，将得到简单的输出，其中最后一行为

```
========= ERROR SUMMARY: 0 errors
```

在开发程序时，经常用 CUDA-MEMCHECK 工具集检测内存错误是一个好的习惯。关于 CUDA-MEMCHECK 的更多内容，参见 https://docs.nvidia.com/cuda/cuda-memcheck。最后要强调的是，最有效的防止出错的办法就是认真地写代码，并在写好之后认真地检查。

第5章

获得GPU加速的关键

前几章主要关注程序的正确性，没有强调程序的性能（执行速度）。从本章起，我们开始关注 CUDA 程序的性能。在开发 CUDA 程序时往往要验证某些改变是否提高了程序的性能，这就需要对程序进行比较精确的计时。所以，下面我们就从给主机和设备函数的计时讲起。

5.1 用 CUDA 事件计时

在 C++ 中，有多种可以对一段代码进行计时的方法，包括使用 GCC 和 MSVC 都有的 `clock()` 函数和与头文件 `<chrono>` 对应的时间库、GCC 中的 `gettimeofday()` 函数及 MSVC 中的 `QueryPerformanceCounter()` 和 `QueryPerformanceFrequency()` 函数等。CUDA 提供了一种基于 CUDA 事件（CUDA event）的计时方式，可用来给一段 CUDA 代码（可能包含主机代码和设备代码）计时。为简单起见，我们这里仅介绍基于 CUDA 事件的计时方法。Listing 5.1 给出了使用 CUDA 事件对一段代码进行计时的方式。

Listing 5.1 本书中常用的计时方式

```
1  cudaEvent_t start, stop;
2  CHECK(cudaEventCreate(&start));
3  CHECK(cudaEventCreate(&stop));
4  CHECK(cudaEventRecord(start));
5  cudaEventQuery(start); //此处不能用CHECK宏函数（见第4章的讨论）
6
7  需要计时的代码块
8
9  CHECK(cudaEventRecord(stop));
10 CHECK(cudaEventSynchronize(stop));
11 float elapsed_time;
12 CHECK(cudaEventElapsedTime(&elapsed_time, start, stop));
13 printf("Time = %g ms.\n", elapsed_time);
```

```
14
15 CHECK(cudaEventDestroy(start));
16 CHECK(cudaEventDestroy(stop));
```

下面是对该计时方式的解释。

(1) 第 1 行定义了两个 CUDA 事件类型（cudaEvent_t）的变量 start 和 stop，第 2 行和第 3 行用 cudaEventCreate() 函数初始化它们。

(2) 第 4 行将 start 传入 cudaEventRecord() 函数，在需要计时的代码块之前记录一个代表开始的事件。

(3) 第 5 行对处于 TCC 驱动模式的 GPU 来说可以省略，但对处于 WDDM 驱动模式的 GPU 来说必须保留。这是因为，在处于 WDDM 驱动模式的 GPU 中，一个 CUDA 流（CUDA stream）中的操作（如这里的 cudaEventRecord() 函数）并不是直接提交给 GPU 执行，而是先提交到一个软件队列，需要添加一条对该流的 cudaEventQuery 操作（或者 cudaEventSynchronize）刷新队列，才能促使前面的操作在 GPU 执行。关于 CUDA 流，会在第 11 章详细讨论，读者暂时不必对此深究。

(4) 第 7 行代表一个需要计时的代码块，它可以是一段主机代码（如对一个主机函数的调用），也可以是一段设备代码（如对一个核函数的调用），还可以是一段混合代码。

(5) 第 9 行将 stop 传入 cudaEventRecord() 函数，在需要计时的代码块之后记录一个代表结束的事件。

(6) 第 10 行的 cudaEventSynchronize() 函数让主机等待事件 stop 被记录完毕。

(7) 第 11~13 行调用 cudaEventElapsedTime() 函数计算 start 和 stop 这两个事件之间的时间差（单位是 ms）并输出到屏幕。

(8) 第 15~16 行调用 cudaEventDestroy() 函数销毁 start 和 stop 这两个 CUDA 事件。这是本书中唯一使用 CUDA 事件的地方，故这里不对 CUDA 事件做进一步讨论。下面，对第 3、4 章讨论过的数组相加程序进行计时。

5.1.1　为 C++ 程序计时

先考虑 C++ 版本的程序。本章的程序 add1cpu.cu 是在第 3 章的程序 add.cpp 的基础上改写的，主要有如下 3 个方面的改动：

(1) 即使该程序中没有使用核函数，我们也将源文件的扩展名改成了 .cu，这样就不用包含一些 CUDA 头文件了。若用 .cpp，用 nvcc 编译时需要明确地增加一些头文件的包含，用 g++ 编译时还要明确地链接一些 CUDA 库。

(2) 从本章起，我们用条件编译的方式选择程序中所用浮点数的精度。在程序的开头部分，有如下几行代码：

```
#ifdef USE_DP
    typedef double real;
    const real EPSILON = 1.0e-15;
#else
    typedef float real;
    const real EPSILON = 1.0e-6f;
#endif
```

当宏 USE_DP 有定义时，程序中的 real 代表 double，否则代表 float。该宏可以通过编译选项定义（具体见后面的编译命令）。

(3) 我们用 CUDA 事件对该程序中函数 add() 的调用进行了计时，而且重复了 11 次。我们忽略第一次测得的时间，因为第一次计算时，机器（无论是 CPU 还是 GPU）都可能处于预热状态，测得的时间往往偏大。我们根据后 10 次测试的时间计算一个平均值。具体细节见本章的程序 add1cpu.cu。

我们依然用 nvcc 编译程序。这里，有几个编译选项值得注意。首先，C++ 程序的性能显著地依赖于优化选项。我们将总是用 -O3 选项。然后，正如前面提到过的，我们可以用条件编译的方式来选择程序中浮点数的精度。具体地说，如果将 -DUSE_DP 加入编译选项，程序中的宏 USE_DP 将有定义，从而使用双精度浮点数，否则使用单精度浮点数。最后，对本例来说 GPU 架构的指定是无关紧要的，但还是可以指定一个具体的架构选项。

我们首先用如下命令编译程序：

```
$ nvcc -O3 -arch=sm_75 add1cpu.cu
```

这将得到一个使用单精度浮点数的可执行文件。运行该可执行文件，程序将输出其中的 add() 函数所花的时间。在作者的计算机中，该主机函数耗时约 60 ms。我们用如下命令编译程序：

```
$ nvcc -O3 -arch=sm_75 -DUSE_DP add1cpu.cu
```

这将得到一个使用双精度浮点数的可执行文件。在该版本中，add() 函数耗时约 120 ms。我们看到，双精度版本的 add() 函数所用时间大概是单精度版本的 add() 函数所用时间的 2 倍，这对于这种访存主导的函数来说是合理的。本章后面会继续讨论这一点。

5.1.2 为 CUDA 程序计时

类似地，我们在第 4 章的 check1api.cu 程序的基础上进行修改，用 CUDA 事件对其中的核函数 add() 进行计时，从而得到本章的 add2gpu.cu 程序。我们用命令

```
$ nvcc -O3 -arch=sm_75 add2gpu.cu
```

编译出使用单精度浮点数的可执行文件，用命令

```
$ nvcc -O3 -arch=sm_75 -DUSE_DP add2gpu.cu
```

编译出使用双精度浮点数的可执行文件。在装有 GeForce RTX 2070 的计算机中测试，使用单精度浮点数时核函数 add() 所用时间约为 3.3 ms，使用双精度浮点数时核函数 add() 所用时间约为 6.8 ms。这两个时间的比值也约为 2。作者也用其他一些 GPU 进行了测试，结果见表 5.1。可以看到，这个时间比值对每一款 GPU 都是基本适用的。从表 5.1 中可以看出，该比值与单、双精度浮点数运算峰值的比值没有关系。这是因为，对于数组相加的问题，其执行速度是由显存带宽决定的，而不是由浮点数运算峰值决定的。

表 5.1　数组相加程序中的核函数在若干 GPU 中的耗时

GPU 型号	计算能力	显存带宽/(GB/s)	浮点数运算峰值/TFLOPS	核函数耗时/ms
Tesla K40	3.5	288	1.4 (4.3)	13 (6.5)
Tesla P100	6.0	732	4.7 (9.3)	4.3 (2.2)
Tesla V100	7.0	900	7 (14)	3.0 (1.5)
GeForce RTX 2070	7.5	448	0.2 (6.5)	6.8 (3.3)
GeForce RTX 2080ti	7.5	616	0.4 (13)	4.3 (2.1)

注：在“浮点数运算峰值”和“核函数耗时”这两栏中，括号前的数字对应于双精度浮点数版本，括号中的数字对应于单精度浮点数版本。

我们还可以计算数组相加问题在 GPU 中达到的有效显存带宽（effective memory bandwidth），并与表 5.1 中的理论显存带宽（theoretical memory bandwidth）进行比较。有效显存带宽定义为 GPU 在单位时间内访问设备内存的字节。以作者计算机中的 GeForce RTX 2070 和使用单精度浮点数的情形为例，根据表中的数据，其有效显存带宽为

$$\frac{3 \times 10^8 \times 4\ \mathrm{B}}{3.3 \times 10^{-3}\ \mathrm{s}} \approx 360\ \mathrm{GB/s} \tag{5.1}$$

可见，有效显存带宽略小于理论显存带宽，进一步说明该问题是访存主导的，即该问题中的浮点数运算所占比例可以忽略不计。

在程序 add2gpu.cu 中，我们仅仅对核函数进行了计时。因为我们的 CUDA 程序相对于 C++ 程序多了数据复制的操作，所以我们也尝试将数据复制的操作加入被计时的代码段。由此得到的程序为 add3memcpy.cu。我们仅用 GeForce RTX 2070 进行测试：使用单精度时，数据复制和核函数调用共耗时约 180 ms；使用双精度时，它们共耗时约 360 ms。

从上述测试得到的数据可以看到一个令人惊讶的结果：核函数的运行时间不到数据复制时间的 2%。如果将 CPU 与 GPU 之间的数据传输时间也计入，CUDA

程序相对于 C++ 程序得到的不是性能提升，而是性能降低。总之，如果一个程序的计算任务仅仅是将来自主机端的两个数组相加，并且要将结果传回主机端，使用 GPU 就不是一个明智的选择。那么，什么样的计算任务能够用 GPU 获得加速呢？本章下面的内容将回答这个问题。

在 CUDA 工具箱中有一个称为 nvprof 的可执行文件，可用于对 CUDA 程序进行更多的性能剖析。在使用 nvprof 时，可将它置于原来的程序执行命令之前，得到如下的运行命令：

```
$ nvprof ./a.out
```

如果用上述命令时遇到了类似如下的错误提示：

```
Unable to profile application. Unified Memory profiling failed
```

则可以尝试将运行命令换为

```
$ nvprof --unified-memory-profiling off ./a.out
```

对程序 add3memcpy.cu 来说，在 GeForce RTX 2070 中使用上述命令，得到的部分结果如下（单精度浮点数版本）：

```
Time(%) Time      Calls  Avg       Min       Max       Name
64.07%  1.43883s  22     65.401ms  59.168ms  81.591ms  [CUDA memcpy HtoD]
34.26%  769.43ms  11     69.949ms  59.002ms  122.94ms  [CUDA memcpy DtoH]
1.67%   37.425ms  11     3.4022ms  3.3508ms  3.4168ms  add()
```

为排版方便起见，我们将 add() 函数中的参数类型省去了，而在原始的输出中函数的参数类型是保留的。这里的第一列是此处列出的每类操作所用时间的百分比，第二列是每类操作用的总时间，第三列是每类操作被调用的次数，第四列是每类操作单次调用所用时间的平均值，第五列是每类操作单次调用所用时间的最小值，第六列是每类操作单次调用所用时间的最大值，第七列是每类操作的名称。从这里的输出可以看出核函数的执行时间及数据传输所用时间，它们和用 CUDA 事件获得的结果是一致的。

5.2 几个影响 GPU 加速的关键因素

5.2.1 数据传输的比例

从 5.1 节的讨论我们知道，如果一个程序的目的仅仅是计算两个数组的和，那么用 GPU 可能比用 CPU 还要慢。这是因为，花在数据传输（CPU 与 GPU 之间）上的时间比计算（求和）本身还要多很多。GPU 计算核心和设备内存之间数据传输的峰值理论带宽要远高于 GPU 和 CPU 之间数据传输的带宽。参看表 5.1，典型 GPU 的显存带宽理论值为几百吉字节每秒，而常用的连接 GPU 和 CPU 内存的

PCIe x16 Gen3 仅有 16 GB/s 的带宽。它们相差几十倍。要获得可观的 GPU 加速，就必须尽量缩减数据传输所花时间的比例。有时，即使有些计算在 GPU 中的速度并不高，也要尽量在 GPU 中实现，避免过多的数据经由 PCIe 传递。这是 CUDA 编程中较重要的原则之一。

假设计算任务不是做一次数组相加的计算，而是做 10000 次数组相加的计算，而且只需要在程序的开始和结束部分进行数据传输，那么数据传输所占的比例将可以忽略不计。此时，整个 CUDA 程序的性能将大为提高。在第 13 章的分子动力学模拟程序中，仅仅在程序的开始部分将一些数据从主机复制到设备，在程序的中间部分偶尔将一些在 GPU 中计算的数据复制到主机。对这样的计算，用 CUDA 就有可能获得可观的加速。本书其他部分的程序都是一些简短的例子，其中数据传输部分都可能占主导，但我们将主要关注核函数优化。

5.2.2 算术强度

从前面测试的数据我们可以看到，在作者的装有 GeForce RTX 2070 的计算机中，数组相加的核函数比对应的 C++ 函数快 20 倍左右（这是在没有对 C++ 程序进行深度优化的情况下得到的结果，但本书不讨论对 C++ 程序的深度优化）。这是一个可观的加速比，但远远没有达到极限。其实，对于很多计算问题，能够得到的加速比更高。数组相加的问题之所以很难得到更高的加速比，是因为该问题的算术强度（arithmetic intensity）不高。一个计算问题的算术强度指的是其中算术操作的工作量与必要的内存操作的工作量之比。例如，在数组相加的问题中，在对每一对数据进行求和时需要先将一对数据从设备内存中取出来，然后对它们实施求和计算，最后将计算的结果存放到设备内存。这个问题的算术强度其实是不高的，因为在取两次数据、存一次数据的情况下只做了一次求和计算。在 CUDA 中，设备内存的读、写都是代价高昂（比较耗时）的。

对设备内存的访问速度取决于 GPU 的显存带宽。以 GeForce RTX 2070 为例，其显存带宽理论值为 448 GB/s。相比之下，该 GPU 的单精度浮点数计算的峰值性能为 6.5 TFLOPS，意味着该 GPU 的理论寄存器带宽（只考虑浮点数运算，不考虑能同时进行的整数运算）为

$$\frac{4\ \text{B} \times 4\ (\text{每个 FMA 的操作数})}{2\ (\text{每个 FMA 的浮点数操作次数})} \times 6.5 \times 10^{12}/\text{s} = 52\ \text{TB/s} \tag{5.2}$$

这里，FMA 指 fused multiply-add 指令，即涉及 4 个操作数和 2 个浮点数操作的运算 $d = a \times b + c$。由此可见，对单精度浮点数来说，该 GPU 中的数据存取比浮点数计算慢 100 多倍。如果考虑双精度浮点数，该比例将缩小 32 倍左右。对其他 GPU 也可以做类似的分析。

如果一个问题中需要的不仅仅是简单的单次求和操作，而是更为复杂的浮点数运算，那么就有可能得到更高的加速比。为了得到较高的算术强度，我们将之前程序（包括 C++ 和 CUDA 的两个版本）中的数组相加函数进行修改。Listing 5.2 给出了修改后的主机函数和核函数。

Listing 5.2 本章程序 arithmetic1cpu.cu 和 arithmetic2gpu.cu 中的 arithmetic() 函数

```
1  const real x0 = 100.0;
2  
3  void arithmetic(real *x, const real x0, const int N)
4  {
5      for (int n = 0; n < N; ++n)
6      {
7          real x_tmp = x[n];
8          while (sqrt(x_tmp) < x0)
9          {
10             ++x_tmp;
11         }
12         x[n] = x_tmp;
13     }
14 }
15 
16 void __global__ arithmetic(real *d_x, const real x0, const int N)
17 {
18     const int n = blockDim.x * blockIdx.x + threadIdx.x;
19     if (n < N)
20     {
21         real x_tmp = d_x[n];
22         while (sqrt(x_tmp) < x0)
23         {
24             ++x_tmp;
25         }
26         d_x[n] = x_tmp;
27     }
28 }
```

也就是说，核函数中的计算不再是一次相加的计算，而是一个 10000 次的循环，而且循环条件中还使用了数学函数 `sqrt`（本章最后一节将介绍 CUDA 中的数学函数）。程序 `arithmetic1cpu.cu` 可以用如下方式编译和运行（这是用单精度浮点数的情形，如果要用双精度浮点数，需要在编译选项中加上 `-DUSE_DP`）：

```
$ nvcc -O3 -arch=sm_75 arithmetic1cpu.cu
```

```
$ ./a.out
```

程序 `arithmetic2gpu.cu` 可以用如下方式编译和运行：

```
$ nvcc -O3 -arch=sm_75 arithmetic2gpu.cu
$ ./a.out N
```

注意：这里 CUDA 版本的可执行文件在运行时需要提供一个命令行参数 `N`。

该参数将赋值给程序中的变量 `N`，相关代码如下：

```
if (argc != 2)
{
    printf("usage: %s N\n", argv[0]);
    exit(1);
}
const int N = atoi(argv[1]);
```

继续在装有 GeForce RTX 2070 的计算机中测试：当数组长度为 10^4 时，主机函数的执行时间是 320 ms（单精度）和 450 ms（双精度）；当数组长度为 10^6 时核函数的执行时间是 28 ms（单精度）和 1000 ms（双精度）。因为核函数和主机函数处理的数组长度相差 100 倍，故在使用单精度浮点数和双精度浮点数时，GPU 相对于 CPU 的加速比分别为

$$\frac{320\ \text{ms} \times 100}{28\ \text{ms}} \approx 1100 \tag{5.3}$$

和

$$\frac{450\ \text{ms} \times 100}{1000\ \text{ms}} = 45 \tag{5.4}$$

可见，提高算术强度能够显著地提高 GPU 相对于 CPU 的加速比。另外，值得注意的是，当算术强度很高时，GeForce 系列 GPU 的单精度浮点数的运算能力就能更加充分地发挥出来。在我们的例子中，单精度版本的核函数是双精度版本核函数的 36 倍之快，接近于理论比值 32，进一步说明该问题是计算主导的，而不是访存主导的。用 GeForce RTX 2080ti 测试程序 `arithmetic2gpu.cu`，使用单精度浮点数和双精度浮点数时核函数的执行时间分别是 15 ms 和 450 ms，相差 30 倍。用 Tesla V100 测试，使用单精度浮点数和双精度浮点数时核函数的执行时间分别是 11 ms 和 28 ms，只相差 2 倍多。可见，对于算术强度很高的问题，在使用双精度浮点数时 Tesla 系列的 GPU 相对于 GeForce 系列的 GPU 有很大的优势，而在使用单精度浮点数时前者没有显著的优势。对于算术强度不高的问题（如前面的数组相加问题），Tesla 系列的 GPU 在使用单精度浮点数或双精度浮点数时都没有显著的优势。在使用单精度浮点数时，GeForce 系列的 GPU 具有更高的性价比。

5.2.3 并行规模

另一个影响 CUDA 程序性能的因素是并行规模。并行规模可用 GPU 中总的线程数目来衡量。从硬件的角度来看，一个 GPU 由多个流多处理器（streaming multiprocessor，SM）构成，而每个 SM 中有若干 CUDA 核心。每个 SM 是相对独立的。从开普勒架构到伏特架构，一个 SM 中最多能驻留（reside）的线程个数是 2048。对于图灵架构，该数目是 1024。一块 GPU 中一般有几个到几十个 SM（取决于具体的型号）。所以，一块 GPU 一共可以驻留几万到几十万个线程。如果一个核函数中定义的线程数目远小于这个数的话，就很难得到很高的加速比。

为了验证这个论断，我们将 `arithmetic2gpu.cu` 程序中的数组元素个数 `N` 从 10^3 以 10 倍的间隔增加到 10^8，分别测试核函数的执行时间，结果展示在图 5.1（a）中。因为 CPU 中的计算时间基本上与数据量成正比，所以我们可以根据之前的结果计算 `N` 取不同值时 GPU 程序相对于 CPU 程序的加速比，结果显示在图 5.1（b）中。

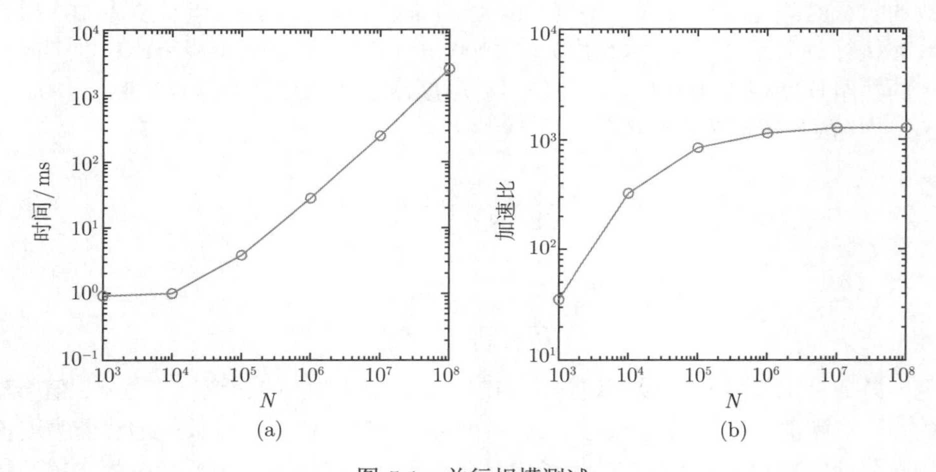

图 5.1 并行规模测试

（a）核函数 arithmetic() 的执行时间随数组元素个数（也就是线程数目）的变化关系；
（b）核函数 arithmetic() 相对于对应的主机函数的加速比随数组元素个数的变化关系
（测试用的 GPU 为 GeForce RTX 2070。GPU 版本和 CPU 版本的程序都采用单精度浮点数。）
（请扫 II 页二维码看彩图）

由图 5.1（a）可知，在数组元素个数 `N` 很大时，核函数的计算时间正比于 `N`；在 `N` 很小时，核函数的计算时间不依赖于 `N` 的值，保持为常数。这两个极限情况都是容易理解的。当 `N` 足够大时，GPU 是满负荷工作的，增加一倍的工作量就会增加一倍的计算时间。反之，当 `N` 不够大时，GPU 中是有空闲的计算资源的，增加 `N` 的值并不会增加计算时间。若要让 GPU 满负荷工作，则核函数中定义的线程总数要不少于某个值，该值在一般情况下和 GPU 中能够驻留的线程总数相当，但也有可能更小。只有在 GPU 满负荷工作的情况下，GPU 中的计算资源才能充分地发挥作用，从而获得较高的加速比。

因为我们的 CPU 程序中的计算是串行的，其性能基本上与数组长度无关，所以 GPU 程序相对于 CPU 程序的加速比在小 N 的极限下几乎是正比于 N 的。在大 N 的极限下，GPU 程序相对于 CPU 程序的加速比接近饱和。总之，对于数据规模很小的问题，用 GPU 很难得到可观的加速。

5.2.4　总结

通过本节的例子，我们看到，一个 CUDA 程序能够获得高性能的必要（但不充分）条件有如下几点：

(1) 数据传输比例较小。

(2) 核函数的算术强度较高。

(3) 核函数中定义的线程数目较多。

所以，在编写与优化 CUDA 程序时，一定要想方设法（主要是指仔细设计算法）做到以下几点：

(1) 减少主机与设备之间的数据传输。

(2) 提高核函数的算术强度。

(3) 增大核函数的并行规模。

5.3　CUDA 中的数学函数库

在前面的例子中，我们在核函数中使用了求平方根的数学函数。在 CUDA 数学库中，还有很多类似的数学函数，如幂函数、三角函数、指数函数、对数函数等。这些函数可以在如下网站查询：http://docs.nvidia.com/cuda/cuda-math-api。建议读者浏览该文档，了解 CUDA 的数学函数库都提供了哪些数学函数。这样，在需要使用时就容易想起来。

CUDA 数学库中的函数可以归纳如下：

(1) 单精度浮点数内建函数和数学函数（single precision intrinsics and math functions）。使用该类函数时不需要包含任何额外的头文件。

(2) 双精度浮点数内建函数和数学函数（double precision intrinsics and math functions）。使用该类函数时不需要包含任何额外的头文件。

(3) 半精度浮点数内建函数和数学函数（half precision intrinsics and math functions）。使用该类函数时需要包含头文件 `<cuda_fp16.h>`。本书不涉及此类函数。

(4) 整数类型的内建函数（integer intrinsics）。使用该类函数时不需要包含任何额外的头文件。本书不涉及此类函数。

(5) 类型转换内建函数（type casting intrinsics）。使用该类函数时不需要包含任何额外的头文件。本书不涉及此类函数。

(6) “单指令–多数据”内建函数（SIMD intrinsics）。使用该类函数时不需要包含任何额外的头文件。本书不涉及此类函数。

本书将仅涉及单精度浮点数和双精度浮点数类型的数学函数和内建函数。其中，数学函数（math functions）都是经过重载的。例如，求平方根的函数具有如下 3 种原型：

```
double sqrt(double x);
float sqrt(float x);
float sqrtf(float x);
```

所以，当 x 是双精度浮点数时，我们只可以用 sqrt(x)；当 x 是单精度浮点数时，我们可以用 sqrt(x)，也可以用 sqrtf(x)。那么综合起来，我们可统一地用双精度函数的版本处理单精度浮点数和双精度浮点数类型的变量。

内建函数指的是一些准确度较低，但效率较高的函数。例如，有如下版本的求平方根的内建函数：

```
float __fsqrt_rd (float  x);   //round-down mode
float __fsqrt_rn (float  x);   //round-to-nearest-even mode
float __fsqrt_ru (float  x);   //round-up mode
float __fsqrt_rz (float  x);   //round-towards-zero mode
double __fsqrt_rd (double  x); //round-down mode
double __fsqrt_rn (double  x); //round-to-nearest-even mode
double __fsqrt_ru (double  x); //round-up mode
double __fsqrt_rz (double  x); //round-towards-zero mode
```

在开发 CUDA 程序时，浮点数精度的选择及数学函数和内建函数之间的选择都要视应用程序的要求而定。例如，在作者开发的分子动力学模拟程序 GPUMD（https://github.com/brucefan1983/GPUMD）中，绝大部分的代码使用了双精度浮点数，只在极个别的地方使用了单精度浮点数，而且没有使用内建函数；在作者开发的经验势拟合程序 GPUGA（https://github.com/brucefan1983/GPUGA）中，统一使用了单精度浮点数，而且使用了内建函数。之所以这样选择，是因为前者对计算精度要求较高，后者对计算精度要求较低。

第 6 章

CUDA的内存组织

前一章讨论了几个获得 GPU 加速的必要但不充分条件。在满足那些条件之后，要获得尽可能高的性能，还有很多需要注意的方面，其中最重要的是合理地使用各种设备内存。本章从整体上介绍 CUDA 中的内存组织，为后续章节的讨论打好理论基础。

6.1 CUDA 的内存组织简介

现代计算机中的内存往往存在一种组织结构（hierarchy）。在这种结构中，含有多种类型的内存，每种内存分别具有不同的容量和延迟（latency，可以理解为处理器等待内存数据的时间）。一般来说，延迟低（速度高）的内存容量小，延迟高（速度低）的内存容量大。当前被处理的数据一般存放于低延迟、低容量的内存中；当前没有被处理但之后将要被处理的大量数据一般存放于高延迟、高容量的内存中。相对于不用分级的内存，用这种分级的内存可以降低延迟，提高计算效率。

CPU 和 GPU 中都有内存分级的设计。相对于 CPU 编程来说，CUDA 编程模型向程序员提供更多的控制权。因此，对 CUDA 编程来说，熟悉其内存的分级组织是非常重要的。

表 6.1 列出了 CUDA 中的几种内存和它们的主要特征。这些特征包括物理位置、设备的访问权限、可见范围及对应变量的生命周期。图 6.1 可以进一步帮助

表 6.1 CUDA 中设备内存的分类与特征

内存类型	物理位置	访问权限	可见范围	生命周期
全局内存	在芯片外	可读可写	所有线程和主机端	由主机分配与释放
常量内存	在芯片外	仅可读	所有线程和主机端	由主机分配与释放
纹理和表面内存	在芯片外	一般仅可读	所有线程和主机端	由主机分配与释放
寄存器内存	在芯片内	可读可写	单个线程	所在线程
局部内存	在芯片外	可读可写	单个线程	所在线程
共享内存	在芯片内	可读可写	单个线程块	所在线程块

理解。本章仅简要介绍 CUDA 中的各种内存，更多细节在后续几章会有进一步讨论。本章会频繁引用前几章讨论过的数组相加的例子。

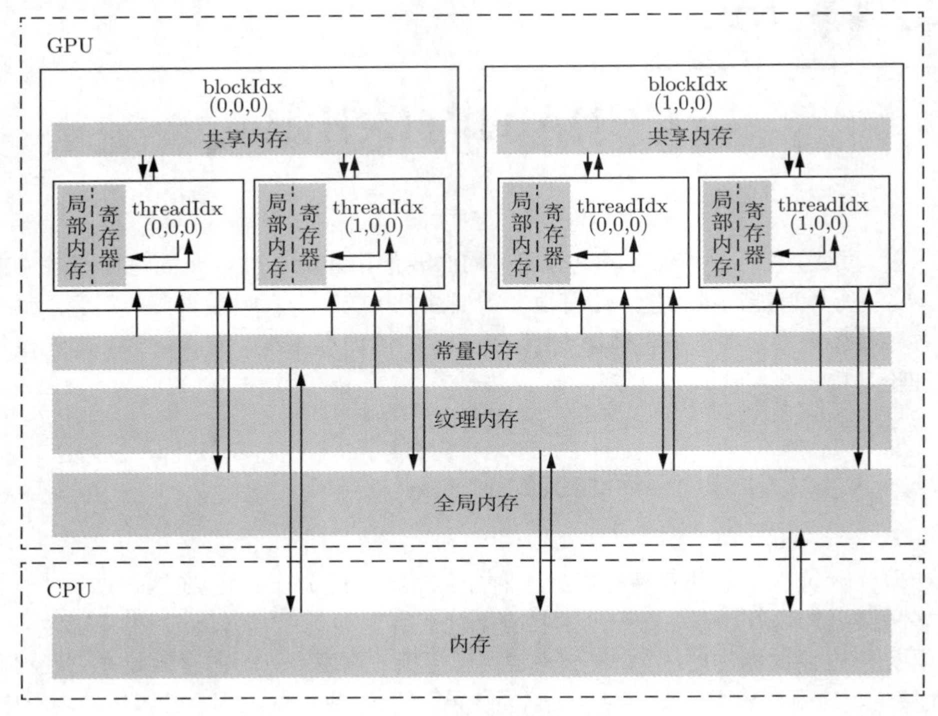

图 6.1　CUDA 中的内存组织示意图
图中箭头的方向表示数据可以移动的方向

6.2　CUDA 中不同类型的内存

6.2.1　全局内存

这里“全局内存”（global memory）的含义是核函数中的所有线程都能够访问其中的数据，和 C++ 中的“全局变量”不是一回事。我们已经用过这种内存，在数组相加的例子中，指针 d_x、d_y 和 d_z 都是指向全局内存的。全局内存由于没有存放在 GPU 的芯片上，因此具有较高的延迟和较低的访问速度。然而，它的容量是所有设备内存中最大的。其容量基本上就是显存容量。表 1.3 列出了几款 GPU 的显存容量。

全局内存的主要角色是为核函数提供数据，并在主机与设备及设备与设备之间传递数据。首先，我们用 cudaMalloc() 函数为全局内存变量分配设备内存。然后，可以直接在核函数中访问分配的内存，改变其中的数据值。我们说过，要尽量减少主机与设备之间的数据传输，但有时是不可避免的。可以用 cudaMemcpy() 函数将主机的数据复制到全局内存，或者反过来。在前几章数组相加的例子中，语句

```
cudaMemcpy(d_x, h_x, M, cudaMemcpyHostToDevice);
```

将 M 字节的数据从主机复制到设备，而语句

```
cudaMemcpy(h_z, d_z, M, cudaMemcpyDeviceToHost);
```

将 M 字节的数据从设备复制到主机。还可以将一段全局内存中的数据复制到另一段全局内存中去。例如：

```
cudaMemcpy(d_x, d_y, M, cudaMemcpyDeviceToDevice);
```

的作用就是将首地址为 d_y 的全局内存中 M 字节的数据复制到首地址为 d_x 的全局内存中去。注意：这里必须将数据传输的方向指定为 cudaMemcpyDeviceToDevice 或 cudaMemcpyDefault。

全局内存可读可写。在数组相加的例子中，语句

```
d_z[n] = d_x[n] + d_y[n];
```

同时体现了全局内存的可读性和可写性。对于线程 n 来说，该语句将变量 d_x 和 d_y 所指全局内存缓冲区的第 n 个元素读出，相加后将结果写入变量 d_z 所指全局内存缓冲区的第 n 个元素。

全局内存对整个网格的所有线程可见。也就是说，一个网格的所有线程都可以访问（读或写）传入核函数的设备指针所指向的全局内存中的全部数据。在上面的语句中，第 n 个线程刚好访问全局内存缓冲区的第 n 个元素，但并不是非要这样。如有需要，第 n 个线程可以访问全局内存缓冲区中的任何一个元素。

全局内存的生命周期（lifetime）不是由核函数决定的，而是由主机端决定的。在数组相加的例子中，由指针 d_x、d_y 和 d_z 所指向的全局内存缓冲区的生命周期就是从主机端用 cudaMalloc() 对它们分配内存开始，到主机端用 cudaFree() 释放它们的内存结束。在这期间，可以在相同的或不同的核函数中多次访问这些全局内存中的数据。

在处理逻辑上的两维或三维问题时，可以用cudaMallocPitch()和cudaMalloc-3D() 函数分配内存，用 cudaMemcpy2D() 和 cudaMemcpy3D() 复制数据，释放时依然用 cudaFree() 函数。本书不讨论这种内存分配函数及相应的数据复制函数。

以上所有的全局内存都称为线性内存（linear memory）。在 CUDA 中还有一种内部构造对用户不透明的（not transparent）全局内存，称为 CUDA Array。CUDA Array 使用英伟达公司不对用户公开的数据排列方式，专为纹理拾取服务，本书不做讨论。

我们前面介绍的全局内存变量都是动态地分配内存的。在 CUDA 中允许使用静态全局内存变量，其所占内存数量是在编译期间就确定的。而且，这样的静态全

局内存变量必须在所有主机与设备函数外部定义，所以是一种“全局的静态全局内存变量”。这里，第一个“全局”的含义与 C++ 中全局变量的含义相同，指的是对应的变量对从其定义之处开始、一个翻译单元内的所有设备函数直接可见。如果采用所谓的分离编译（separate compiling），还可以将可见范围进一步扩大，但本书不讨论分离编译。

静态全局内存变量由以下方式在任何函数外部定义：

```
__device__ T x; // 单个变量
__device__ T y[N]; // 固定长度的数组
```

其中，修饰符 `__device__` 说明该变量是设备中的变量，而不是主机中的变量；T 是变量的类型；N 是一个整型常数。Listing 6.1 展示了静态全局内存变量的使用方式。该程序将输出：

```
d_x = 1, d_y[0] = 11, d_y[1] = 21.
h_y[0] = 11, h_y[1] = 21.
```

在核函数中，可直接对静态全局内存变量进行访问，并不需要将它们以参数的形式传给核函数。不可在主机函数中直接访问静态全局内存变量，但可以用 cudaMemcpyToSymbol() 函数和 cudaMemcpyFromSymbol() 函数在静态全局内存与主机内存之间传输数据。这两个 CUDA 运行时 API 函数的原型如下：

```
cudaError_t cudaMemcpyToSymbol
(
    const void* symbol, // 静态全局内存变量名
    const void* src, // 主机内存缓冲区指针
    size_t count, // 复制的字节数
    size_t offset = 0, // 从 symbol 对应设备地址开始偏移的字节数
    cudaMemcpyKind kind = cudaMemcpyHostToDevice // 可选参数
);
cudaError_t cudaMemcpyFromSymbol
(
    void* dst, // 主机内存缓冲区指针
    const void* symbol, // 静态全局内存变量名
    size_t count, // 复制的字节数
    size_t offset = 0, // 从 symbol 对应设备地址开始偏移的字节数
    cudaMemcpyKind kind = cudaMemcpyDeviceToHost // 可选参数
);
```

这两个函数的参数 symbol 可以是静态全局内存变量的变量名，也可以是下面要介绍的常量内存变量的变量名。第 16 行调用 cudaMemcpyToSymbol() 函数将主

机数组 h_y 中的数据复制到静态全局内存数组 d_y，第 21 行调用 cudaMemcpyFromSymbol() 函数将静态全局内存数组 d_y 中的数据复制到主机数组 h_y。这里只是展示静态全局内存的使用方法，我们将在第 10 章讨论一种利用静态全局内存加速程序的技巧。

Listing 6.1　本章程序 static.cu 的全部代码

```
1   #include "error.cuh"
2   #include <stdio.h>
3   __device__ int d_x = 1;
4   __device__ int d_y[2];
5
6   void __global__ my_kernel(void)
7   {
8       d_y[0] += d_x;
9       d_y[1] += d_x;
10      printf("d_x = %d, d_y[0] = %d, d_y[1] = %d.\n", d_x, d_y[0], d_y
            [1]);
11  }
12
13  int main(void)
14  {
15      int h_y[2] = {10, 20};
16      CHECK(cudaMemcpyToSymbol(d_y, h_y, sizeof(int) * 2));
17
18      my_kernel<<<1, 1>>>();
19      CHECK(cudaDeviceSynchronize());
20
21      CHECK(cudaMemcpyFromSymbol(h_y, d_y, sizeof(int) * 2));
22      printf("h_y[0] = %d, h_y[1] = %d.\n", h_y[0], h_y[1]);
23
24      return 0;
25  }
```

6.2.2　常量内存

常量内存（constant memory）是有常量缓存的全局内存，数量有限，仅有 64 KB。它的可见范围和生命周期与全局内存一样。不同的是，常量内存仅可读、不可写。由于有缓存，常量内存的访问速度比全局内存高，但得到高访问速度的前提是一个线程束中的线程（一个线程块中相邻的 32 个线程）要读取相同的常量内存数据。

一个使用常量内存的方法是在核函数外面用 `__constant__` 定义变量，并用前面介绍的 CUDA 运行时 API 函数 `cudaMemcpyToSymbol()` 将数据从主机端复制到设备的常量内存后供核函数使用。当计算能力不小于 2.0 时，给核函数传递的参数（传值，不是像全局变量那样传递指针）就存放在常量内存中，但给核函数传递参数最多只能在一个核函数中使用 4 KB 常量内存。

所以，我们其实已经用过了常量内存。在数组相加的例子中，核函数的参数 `const int N` 就是在主机端定义的变量，并通过传值的方式传送给核函数中的线程使用。在核函数的代码段 `if (n < N)` 中，这个参数 `N` 就被每一个线程使用了。所以，核函数中的每一个线程都知道该变量的值，而且对它的访问比对全局内存的访问要快。除给核函数传递单个的变量外，还可以传递结构体，同样也是使用常量内存。结构体中可以定义单个的变量，也可以定义固定长度的数组。第 13 章的程序将涉及常量内存的使用。

6.2.3 纹理内存和表面内存

纹理内存（texture memory）和表面内存（surface memory）类似于常量内存，也是一种具有缓存的全局内存，有相同的可见范围和生命周期，而且一般仅可读（表面内存也可写）。不同的是，纹理内存和表面内存容量更大，而且使用方式和常量内存也不一样。

对于计算能力不小于 3.5 的 GPU 来说，将某些只读全局内存数据用 `__ldg()` 函数通过只读数据缓存（read-only data cache）读取，既可达到使用纹理内存的加速效果，又可使代码简洁。该函数的原型为

```
T __ldg(const T* address);
```

其中，`T` 是需要读取的数据的类型；`address` 是数据的地址。对帕斯卡架构和更高的架构来说，全局内存的读取在默认情况下就利用了 `__ldg()` 函数，所以不需要明显地使用它。我们在第 7 章就会讨论该函数的使用。

6.2.4 寄存器

在核函数中定义的不加任何限定符的变量一般来说就存放于寄存器（register）中。核函数中定义的不加任何限定符的数组有可能存放于寄存器中，但也有可能存放于局部内存中。另外，以前提到过的各种内建变量，如 `gridDim`、`blockDim`、`blockIdx`、`threadIdx` 及 `warpSize` 都保存在特殊的寄存器中。在核函数中访问这些内建变量是很高效的。

我们已经使用过寄存器变量。在数组求和的例子中，我们在核函数中有如下语句：

```
const int n = blockDim.x * blockIdx.x + threadIdx.x;
```

这里的 n 就是一个寄存器变量。寄存器可读可写。上述语句的作用就是定义一个寄存器变量 n 并将赋值号右边计算出来的值赋给它（写入）。在稍后的语句

```
z[n] = x[n] + y[n];
```

中，寄存器变量 n 的值被使用（读出）。

寄存器变量仅仅被一个线程可见。也就是说，每一个线程都有一个变量 n 的副本。虽然在核函数的代码中用了同一个变量名，但是不同的线程中该寄存器变量的值是可以不同的。每个线程都只能对它的副本进行读写。寄存器的生命周期也与所属线程的生命周期一致，从定义它开始，到线程消失时结束。

寄存器内存在芯片上（on-chip），是所有内存中访问速度最高的，但是其数量也很有限。表 6.2 列出了几个不同计算能力的 GPU 中与寄存器和后面要介绍的共享内存有关的技术指标。该表只包含少数几个计算能力，更完整的列表见《CUDA C++ Programming Guide》的附录 H。一个寄存器占有 32 b（4 字节）的内存。所以，一个双精度浮点数将使用两个寄存器。这是在估算寄存器使用量时要注意的。

6.2.5　局部内存

我们还没有用过局部内存（local memory），但从用法上看，局部内存和寄存器几乎一样。核函数中定义的不加任何限定符的变量有可能在寄存器中，也有可能在局部内存中。寄存器中放不下的变量，以及索引值不能在编译时就确定的数组，都有可能放在局部内存中。这种判断是由编译器自动做的。对于数组相加例子中的变量 n 来说，作者可以肯定它在寄存器中，而不是局部内存中，因为核函数所用寄存器数量还远远没有达到上限。

虽然局部内存在用法上类似于寄存器，但从硬件来看，局部内存只是全局内存的一部分。所以，局部内存的延迟也很高。每个线程最多能使用高达 512 KB 的局部内存，但使用过多会降低程序的性能。

6.2.6　共享内存

我们还没有使用过共享内存（shared memory）。共享内存和寄存器类似，存在于芯片上，具有仅次于寄存器的读写速度，数量也有限。表 6.2 列出了与几个计算能力对应的共享内存数量指标。

不同于寄存器的是，共享内存对整个线程块可见，其生命周期也与整个线程块一致。也就是说，每个线程块拥有一个共享内存变量的副本。共享内存变量的值在不同的线程块中可以不同。一个线程块中的所有线程都可以访问该线程块的共享内存变量副本，但是不能访问其他线程块的共享内存变量副本。共享内存的主要作

用是减少对全局内存的访问，或者改善对全局内存的访问模式。这些将在第 8 章详细地讨论。

表 6.2 几个计算能力的技术指标

计算能力	3.5	6.0	7.0	7.5
GPU 代表	Tesla K40	Tesla P100	Tesla V100	Geforce RTX 2080
SM 寄存器数上限	64 K	64 K	64 K	64 K
单个线程块寄存器数上限	64 K	64 K	64 K	64 K
单个线程寄存器数上限	255	255	255	255
SM 共享内存上限/KB	48	64	96	64
单个线程块共享内存上限/KB	48	48	96	64

6.2.7 L1 和 L2 缓存

从费米架构开始，有了 SM 层次的 L1 缓存（一级缓存）和设备（一个设备有多个 SM）层次的 L2 缓存（二级缓存）。它们主要用来缓存全局内存和局部内存的访问，减少延迟。

从硬件的角度来看，开普勒架构中的 L1 缓存和共享内存使用同一块物理芯片；在麦克斯韦架构和帕斯卡架构中，L1 缓存和纹理缓存统一起来，而共享内存是独立的；在伏特架构和图灵架构中，L1 缓存、纹理缓存及共享内存三者统一起来。从编程的角度来看，共享内存是可编程的缓存（共享内存的使用完全由用户操控），而 L1 和 L2 缓存是不可编程的缓存（用户最多能引导编译器做一些选择）。

对某些架构来说，还可以针对单个核函数或者整个程序改变 L1 缓存和共享内存的比例。具体地说：

(1) 计算能力 3.5：L1 缓存和共享内存共有 64 KB，可以将共享内存上限设置成 16 KB、32 KB 和 48 KB，其余的归 L1 缓存。默认情况下有 48KB 共享内存。

(2) 计算能力 3.7：L1 缓存和共享内存共有 128 KB，可以将共享内存上限设置成 80 KB、96 KB 和 112 KB，其余的归 L1 缓存。默认情况下有 112 KB 共享内存。

(3) 麦克斯韦架构和帕斯卡架构不允许调整共享内存的上限。

(4) 伏特架构：统一的（L1/纹理/共享内存）缓存共有 128 KB，共享内存上限可调整为 0 KB、8 KB、16 KB、32 KB、64 KB 或 96 KB。

(5) 图灵架构：统一的（L1/纹理/共享内存）缓存共有 96 KB，共享内存上限可调整为 32 KB 或 64 KB。

由于以上关于共享内存比例的设置不是很通用，本书不对它们做进一步讨论。感兴趣的读者可阅读《CUDA C++ Programming Guide》和其他资料进一步学习。

6.3　SM 及其占有率

6.3.1　SM 的构成

我们在第 5 章讨论并行规模对 CUDA 程序性能的影响时提到了流多处理器 SM。一个 GPU 是由多个 SM 构成的。一个 SM 包含如下资源：

(1) 一定数量的寄存器（参见表 6.2）。

(2) 一定数量的共享内存（参见表 6.2）。

(3) 常量内存的缓存。

(4) 纹理和表面内存的缓存。

(5) L1 缓存。

(6) 两个（计算能力 6.0）或 4 个（其他计算能力）线程束调度器（warp scheduler），用于在不同线程的上下文之间迅速地切换，以及为准备就绪的线程束发出执行指令。

(7) 执行核心，包括：

1) 若干整型数运算的核心（INT32）。

2) 若干单精度浮点数运算的核心（FP32）。

3) 若干双精度浮点数运算的核心（FP64）。

4) 若干单精度浮点数超越函数（transcendental functions）的特殊函数单元（special function units，SFUs）。

5) 若干混合精度的张量核心（tensor cores，由伏特架构引入，适用于机器学习中的低精度矩阵计算，本书不讨论）。

6.3.2　SM 的占有率

因为一个 SM 中的各种计算资源是有限的，那么有些情况下一个 SM 中驻留的线程数目就有可能达不到理想的最大值。此时，我们说该 SM 的占有率小于 100%。获得 100% 的占有率并不是获得高性能的必要或充分条件，但一般来说，要尽量让 SM 的占有率不小于某个值，如 25%，才有可能获得较高的性能。

在第 5 章，我们讨论了并行规模。当并行规模较小时，有些 SM 可能就没有被利用，占有率为零。这是导致程序性能低下的原因之一。当并行规模足够大时，也有可能得到非 100% 的占有率，这就是下面要讨论的情形。

在表 6.2 中，我们列举了一个 SM、一个线程块及一个线程中能够使用的寄存器和共享内存的上限。在第 2 章，我们还提到了，一个线程块（无论几维的）中的线程数不能超过 1024。要分析 SM 的理论占有率（theoretical occupancy），还需要知道两个指标：

(1) 一个 SM 中最多能拥有的线程块个数为 $N_\mathrm{b} = 16$（开普勒架构和图灵架构）或者 $N_\mathrm{b} = 32$（麦克斯韦架构、帕斯卡架构和伏特架构）。

(2) 一个 SM 中最多能拥有的线程个数为 $N_\mathrm{t} = 2048$（从开普勒架构到伏特架构）或者 $N_\mathrm{t} = 1024$（图灵架构）。

下面，在并行规模足够大（即核函数执行配置中定义的总线程数足够多）的前提下分几种情况来分析 SM 的理论占有率：

(1) 寄存器和共享内存使用量很少的情况。此时，SM 的占有率完全由执行配置中的线程块大小决定。关于线程块大小，读者也许注意到我们之前总是用 128。这是因为，SM 中线程的执行是以线程束为单位的，所以最好将线程块大小取为线程束大小（32 个线程）的整数倍。例如，假设将线程块大小定义为 100，那么一个线程块中将有 3 个完整的线程束（一共 96 个线程）和一个不完整的线程束（只有 4 个线程）。在执行核函数中的指令时，不完整的线程束花的时间和完整的线程束花的时间一样，这就无形中浪费了计算资源。所以，建议将线程块大小取为 32 的整数倍。在该前提下，任何不小于 $N_\mathrm{t}/N_\mathrm{b}$ 而且能整除 N_t 的线程块大小都能得到 100% 的占有率。根据我们列出的数据，线程块大小不小于 128 时开普勒架构能获得 100% 的占有率；线程块大小不小于 64 时其他架构能获得 100% 的占有率。作者近几年都用一块开普勒架构的 Tesla K40 开发程序，所以习惯了在一般情况下用 128 的线程块大小。

(2) 有限的寄存器数量对占有率的约束情况。我们只针对表 6.2 中列出的几个计算能力进行分析，读者可类似地分析其他未列出的计算能力。对于表 6.2 中列出的所有计算能力，一个 SM 最多能使用的寄存器个数为 64 K（64×1024）。除图灵架构外，如果我们希望在一个 SM 中驻留最多的线程（2048 个），核函数中的每个线程最多只能用 32 个寄存器。当每个线程所用寄存器个数大于 64 时，SM 的占有率将小于 50%；当每个线程所用寄存器个数大于 128 时，SM 的占有率将小于 25%。对于图灵架构，同样的占有率允许使用更多的寄存器。

(3) 有限的共享内存对占有率的约束情况。因为共享内存的数量随着计算能力的上升没有显著的变化规律，所以我们这里仅针对计算能力 3.5 进行分析，对其他计算能力可以类似地分析。如果线程块大小为 128，那么每个 SM 要激活 16 个线程块才能有 2048 个线程，达到 100% 的占有率。此时，一个线程块最多能使用 3 KB 的共享内存。在不改变线程块大小的情况下，要达到 50% 的占有率，一个线程块最多能使用 6 KB 的共享内存；要达到 25% 的占有率，一个线程块最多能使用 12 KB 的共享内存。如果一个线程块使用了超过 48 KB 的共享内存，会直接导致核函数无法运行。对其他线程块大小可类似地分析。

以上单独分析了线程块大小、寄存器数量及共享内存数量对 SM 占有率的影响。一般情况下，需要综合以上 3 点分析。在 CUDA 工具箱中，有一个名为 `CUDA_Occupancy_Calculator.xls` 的 Excel 文档，可用来计算各种情况下的 SM 占有率，感兴趣的读者可以去尝试使用。

值得一提的是，用编译器选项 `--ptxas-options=-v` 可以报道每个核函数的寄存器使用数量。CUDA 还提供了核函数的 `__launch_bounds__()` 修饰符和 `--maxrregcount=` 编译选项来让用户分别对一个核函数和所有核函数中寄存器的使用数量进行控制。本书不对此展开讨论，感兴趣的读者可查阅其他资料进一步学习。

6.4 用 CUDA 运行时 API 函数查询设备

在第 1 章，我们介绍了如何利用 nvidia-smi 程序对设备进行某些方面的查询与设置。本节介绍用 CUDA 运行时 API 函数查询所用 GPU 的规格。Listing 6.2 所示程序可用来查询一些前面介绍过的 GPU 规格。

Listing 6.2 本章程序 query.cu 的全部代码

```
1   #include "error.cuh"
2   #include <stdio.h>
3
4   int main(int argc, char *argv[])
5   {
6       int device_id = 0;
7       if (argc > 1) device_id = atoi(argv[1]);
8       CHECK(cudaSetDevice(device_id));
9
10      cudaDeviceProp prop;
11      CHECK(cudaGetDeviceProperties(&prop, device_id));
12
13      printf("Device id:                                 %d\n",
14          device_id);
15      printf("Device name:                               %s\n",
16          prop.name);
17      printf("Compute capability:                        %d.%d\n",
18          prop.major, prop.minor);
19      printf("Amount of global memory:                   %g GB\n",
20          prop.totalGlobalMem / (1024.0 * 1024 * 1024));
21      printf("Amount of constant memory:                 %g KB\n",
22          prop.totalConstMem  / 1024.0);
```

```
23     printf("Maximum grid size:                     %d %d %d\n",
24         prop.maxGridSize[0],
25         prop.maxGridSize[1], prop.maxGridSize[2]);
26     printf("Maximum block size:                    %d %d %d\n",
27         prop.maxThreadsDim[0], prop.maxThreadsDim[1],
28         prop.maxThreadsDim[2]);
29     printf("Number of SMs:                         %d\n",
30         prop.multiProcessorCount);
31     printf("Maximum amount of shared memory per block: %g KB\n",
32         prop.sharedMemPerBlock / 1024.0);
33     printf("Maximum amount of shared memory per SM:    %g KB\n",
34         prop.sharedMemPerMultiprocessor / 1024.0);
35     printf("Maximum number of registers per block:     %d K\n",
36         prop.regsPerBlock / 1024);
37     printf("Maximum number of registers per SM:        %d K\n",
38         prop.regsPerMultiprocessor / 1024);
39     printf("Maximum number of threads per block:       %d\n",
40         prop.maxThreadsPerBlock);
41     printf("Maximum number of threads per SM:          %d\n",
42         prop.maxThreadsPerMultiProcessor);
43
44     return 0;
45 }
```

程序的第 10 行定义了一个 CUDA 中定义好的结构体类型 cudaDeviceProp 的变量 prop。在第 11 行，利用 CUDA 运行时 API 函数 cudaGetDeviceProperties() 得到了编号为 device_id 的设备的性质，存放在结构体变量 prop 中。从第 13 行开始，将变量 prop 中的某些成员的值输出。在装有 GeForce RTX 2070 的计算机中得到如下输出：

```
Device id:                                 0
Device name:                               GeForce RTX 2070 with
                                             Max-Q Design
Compute capability:                        7.5
Amount of global memory:                   8 GB
Amount of constant memory:                 64 KB
Maximum grid size:                         2147483647 65535 65535
Maximum block size:                        1024 1024 64
Number of SMs:                             36
Maximum amount of shared memory per block: 48 KB
```

```
Maximum amount of shared memory per SM:      64 KB
Maximum number of registers per block:       64 K
Maximum number of registers per SM:          64 K
Maximum number of threads per block:         1024
Maximum number of threads per SM:            1024
```

读者可以尝试在自己的系统中运行该程序，确保能够理解每一个规格的含义。在本例中，我们默认选择查询编号为 0 的设备。如果读者的系统中有不止一块 GPU，而且不想查询第 0 号设备，则可在运行程序时通过命令行参数指定一个设备编号。第 8 行的 `cudaSetDevice()` 函数将对所指定的设备进行初始化。

另外，读者还可以回顾一下在第 1 章介绍过的用 nvidia-smi 程序在命令行选择 GPU 的方法。在 CUDA 工具箱中，有一个名为 `deviceQuery.cu` 的程序，可以输出更多的信息。

第 7 章 全局内存的合理使用

在第 6 章，我们抽象地介绍了 CUDA 中的各种内存。从本章开始，我们将通过实例讲解各种内存的合理使用。在各种设备内存中，全局内存具有最低的访问速度（最高的延迟），往往是一个 CUDA 程序性能的瓶颈，所以值得特别地关注。本章讨论全局内存的合理使用。

7.1 全局内存的合并与非合并访问

对全局内存的访问将触发内存事务（memory transaction），也就是数据传输（data transfer）。在第 6 章我们提到，从费米架构开始，有了 SM 层次的 L1 缓存和设备层次的 L2 缓存，可以用于缓存全局内存的访问。在启用了 L1 缓存的情况下，对全局内存的读取将首先尝试经过 L1 缓存；如果未命中，则接着尝试经过 L2 缓存；如果再次未命中，则直接从 DRAM 读取。一次数据传输处理的数据量在默认情况下是 32 字节。

关于全局内存的访问模式，有合并（coalesced）与非合并（uncoalesced）之分。合并访问指的是一个线程束对全局内存的一次访问请求（读或者写）导致最少数量的数据传输，否则称访问是非合并的。定量地说，可以定义一个合并度（degree of coalescing），它等于线程束请求的字节数除以由该请求导致的所有数据传输处理的字节数。如果所有数据传输中处理的数据都是线程束所需要的，那么合并度就是 100%，即对应合并访问。所以，也可以将合并度理解为一种资源利用率。利用率越高，核函数中与全局内存访问有关的部分的性能就更好；利用率低则意味着对显存带宽的浪费。本节后面主要探讨合并度与全局内存访问模式之间的关系。

为简单起见，我们主要以全局内存的读取和仅使用 L2 缓存的情况为例进行下述讨论。在此情况下，一次数据传输指的就是将 32 字节的数据从全局内存（DRAM）通过 32 字节的 L2 缓存片段（cache sector）传输到 SM。考虑一个线程束访问单精度浮点数类型的全局内存变量的情形。因为一个单精度浮点数占有 4 字节，故该线程束将请求 128 字节的数据。在理想情况下（即合并度为 100% 的情况），这将

仅触发 $128/32=4$ 次用 L2 缓存的数据传输。那么，在什么情况下会导致多于 4 次数据传输呢？

为了回答这个问题，我们首先需要了解数据传输对数据地址的要求：在一次数据传输中，从全局内存转移到 L2 缓存的一片内存的首地址一定是一个最小粒度（这里是 32 字节）的整数倍。例如，一次数据传输只能从全局内存读取地址为 0~31 字节、32~63 字节、64~95 字节、96~127 字节等片段的数据。如果线程束请求的全局内存数据的地址刚好为 0~127 字节或者 128~255 字节等，就能与 4 次数据传输所处理的数据完全吻合。这种情况下的访问就是合并访问。

读者也许会问：如何保证一次数据传输中内存片段的首地址为最小粒度的整数倍呢？或者问：如何控制所使用的全局内存的地址呢？答案是，使用 CUDA 运行时 API 函数（如我们常用的 cudaMalloc）分配的内存的首地址至少是 256 字节的整数倍。

下面我们通过几个具体的核函数列举几种常见的内存访问模式及其合并度。

(1) 顺序的合并访问。我们考察如下的核函数和相应的调用：

```
void __global__ add(float *x, float *y, float *z)
{
    int n = threadIdx.x + blockIdx.x * blockDim.x;
    z[n] = x[n] + y[n];
}
add<<<128, 32>>>(x, y, z);
```

其中，x、y 和 z 是由 cudaMalloc() 分配全局内存的指针。很容易看出，核函数中对这几个指针所指内存区域的访问都是合并的。例如，第一个线程块中的线程束将访问数组 x 中第 0~31 个元素，对应 128 字节的连续内存，而且首地址一定是 256 字节的整数倍。这样的访问只需要 4 次数据传输即可完成，所以是合并访问，合并度为 100%。

(2) 乱序的合并访问。将上述核函数稍做修改：

```
void __global__ add_permuted(float *x, float *y, float *z)
{
    int tid_permuted = threadIdx.x ^ 0x1;
    int n = tid_permuted + blockIdx.x * blockDim.x;
    z[n] = x[n] + y[n];
}
add_permuted<<<128, 32>>>(x, y, z);
```

其中，threadIdx.x^0x1 是某种置换操作，作用是将 0~31 的整数做某种置换（交换两个相邻的数）。第一个线程块中的线程束将依然访问数组 x 中第 0~31 个元素，只不过线程号与数组元素指标不完全一致而已。这样的访问是乱序的（或者交叉的）合并访问，合并度也为 100%。

(3) 不对齐的非合并访问。将第一个核函数稍做修改：

```
void __global__ add_offset(float *x, float *y, float *z)
{
    int n = threadIdx.x + blockIdx.x * blockDim.x + 1;
    z[n] = x[n] + y[n];
}
add_offset<<<128, 32>>>(x, y, z);
```

第一个线程块中的线程束将访问数组 x 中第 1~32 个元素。假如数组 x 的首地址为 256 字节，该线程束将访问设备内存的 260~387 字节。这将触发 5 次数据传输，对应的内存地址分别是 256~287 字节、288~319 字节、320~351 字节、352~383 字节和 384~415 字节。这样的访问属于不对齐的非合并访问，合并度为 $4/5 \times 100\% = 80\%$。

(4) 跨越式的非合并访问。将第一个核函数改写如下：

```
void __global__ add_stride(float *x, float *y, float *z)
{
    int n = blockIdx.x + threadIdx.x * gridDim.x;
    z[n] = x[n] + y[n];
}
add_stride<<<128, 32>>>(x, y, z);
```

第一个线程块中的线程束将访问数组 x 中指标为 0、128、256、384 等的元素。因为这里的每一对数据都不在一个连续的 32 字节的内存片段，故该线程束的访问将触发 32 次数据传输。这样的访问属于跨越式的非合并访问，合并度为 $4/32 \times 100\% = 12.5\%$。

(5) 广播式的非合并访问。将第一个核函数改写如下：

```
void __global__ add_broadcast(float *x, float *y, float *z)
{
    int n = threadIdx.x + blockIdx.x * blockDim.x;
    z[n] = x[0] + y[n];
}
add_broadcast<<<128, 32>>>(x, y, z);
```

第一个线程块中的线程束将一致地访问数组 x 中的第 0 个元素。这只需要一次数据传输（处理 32 字节的数据），但由于整个线程束只使用了 4 字节的数据，故合并度为 $4/32 \times 100\% = 12.5\%$。这样的访问属于广播式的非合并访问。这样的访问（如果是读数据的话）适合采用第 6 章提到的常量内存。具体的例子见第 13 章。

7.2 例子：矩阵转置

本节将通过一个矩阵转置的例子讨论全局内存的合理使用。矩阵转置是线性代数中一个基本的操作。我们这里仅考虑行数与列数相等的矩阵，即方阵。学完本节后，读者可以思考如何在 CUDA 中对非方阵进行转置。

假设一个矩阵 $\boldsymbol{A}$ 的矩阵元为 A_{ij}，则其转置矩阵 $\boldsymbol{B} = \boldsymbol{A}^{\mathrm{T}}$ 的矩阵元为

$$B_{ij} = \left(\boldsymbol{A}^{\mathrm{T}}\right)_{ij} = A_{ji} \tag{7.1}$$

例如，取

$$\boldsymbol{A} = \begin{pmatrix} 0 & 1 & 2 & 3 \\ 4 & 5 & 6 & 7 \\ 8 & 9 & 10 & 11 \\ 12 & 13 & 14 & 15 \end{pmatrix} \tag{7.2}$$

则其转置矩阵为

$$\boldsymbol{B} = \boldsymbol{A}^{\mathrm{T}} = \begin{pmatrix} 0 & 4 & 8 & 12 \\ 1 & 5 & 9 & 13 \\ 2 & 6 & 10 & 14 \\ 3 & 7 & 11 & 15 \end{pmatrix} \tag{7.3}$$

7.2.1 矩阵复制

在讨论矩阵转置之前，我们先考虑一个更简单的问题：矩阵复制，即形如 $\boldsymbol{B} = \boldsymbol{A}$ 的计算。Listing 7.1 给出了矩阵复制核函数 `copy()` 的定义和调用。

Listing 7.1 本章程序 matrix.cu 中的 copy() 函数及其调用

```
1  __global__ void copy(const real *A, real *B, const int N)
2  {
3      const int nx = blockIdx.x * TILE_DIM + threadIdx.x;
4      const int ny = blockIdx.y * TILE_DIM + threadIdx.y;
5      const int index = ny * N + nx;
6      if (nx < N && ny < N)
7      {
8          B[index] = A[index];
9      }
10 }
11
12 const int grid_size_x = (N + TILE_DIM - 1) / TILE_DIM;
13 const int grid_size_y = grid_size_x;
```

```
14 const dim3 block_size(TILE_DIM, TILE_DIM);
15 const dim3 grid_size(grid_size_x, grid_size_y);
16 copy<<<grid_size, block_size>>>(d_A, d_B, N);
```

首先，我们说明一下，在核函数中可以直接使用在函数外部由 #define 或 const 定义的常量，包括整型常量和浮点型常量，但是在使用微软的编译器（MSVC）时有一个限制，即不能在核函数中使用在函数外部由 const 定义的浮点型常量。在本例中，TILE_DIM 是一个整型常量，在文件的开头定义：

```
const int TILE_DIM = 32; // C++ 风格
```

它可以等价地写为

```
#define TILE_DIM 32 // C 风格
```

可以在核函数中直接使用该常量的值，但要记住不能在核函数中使用这种常量的引用或者地址。

再看核函数 copy() 的执行配置。在调用核函数 copy() 时，我们用了二维的网格和线程块。在该问题中，并不是一定要使用二维的网格和线程块，因为矩阵中的数据排列本质上依然是一维的。然而，在后面的矩阵转置问题中，使用二维的网格和线程块更为方便。为了保持一致（我们将对比程序中几个核函数的性能），我们这里也用二维的网格和线程块。如上所述，程序中的 TILE_DIM 是一个整型常量，取值为 32，指的是一片（tile）矩阵的维度（dimension，即行数）。我们将一片一片地处理一个大矩阵。其中的一片是一个 32×32 的矩阵。每一个二维的线程块将处理一片矩阵。线程块的维度和一片矩阵的维度一样大，如第 14 行所示。和线程块一致，网格也用二维的，维度为待处理矩阵的维度 N 除以线程块维度，如第 12~13 行和第 15 行所示。例如，假如 N 为 128，则 grid_size_x 和 grid_size_y 都是 $128/32 = 4$。也就是说，核函数所用网格维度为 4×4，线程块维度为 32×32。此时，在核函数 copy() 中的 gridDim.x 和 gridDim.y 都等于 4，而 blockDim.x 和 blockDim.y 都等于 32。读者应该注意到，一个线程块中总的线程数目为 1024，刚好为所允许的最大值。

最后看核函数 copy() 的实现。第 3 行将矩阵的列指标 nx 与带 .x 的内建变量联系起来，而第 4 行将矩阵的行指标 ny 与带 .y 的内建变量联系起来。第 5 行将上述行指标与列指标结合起来转化成一维指标 index。第 6~9 行在行指标和列指标都不越界的情况下将矩阵 A 的第 index 个元素复制给矩阵 B 的第 index 个元素。

我们来分析一下核函数中对全局内存的访问模式。在第 2 章我们介绍过，对于多维线程块，x 维度的线程指标 threadIdx.x 是最内层的（变化最快），所以相邻的 threadIdx.x 对应相邻的线程。从核函数中的代码可知，相邻的 nx 对应相邻的线程，也对应相邻的数组元素（对 A 和 B 都成立）。所以，在核函数中，相邻的线程访问了相邻的数组元素，在没有内存不对齐的情况下属于 7.1 节介绍的顺序的合并访问。我们取 N=10000 并在 GeForce RTX 2080ti 中进行测试。采用单精度浮点数，核函数的执行时间为 1.6 ms。根据该执行时间，有效的显存带宽为 500 GB/s，略小于该 GPU 的理论显存带宽 616 GB/s。测试矩阵复制计算的性能是为后面讨论矩阵转置核函数的性能确定一个可以比较的基准。第 5 章讨论过有效显存带宽的计算，读者可以去回顾一下。

7.2.2 使用全局内存进行矩阵转置

在 7.2.1 节我们讨论了矩阵复制的计算，本节将讨论矩阵转置的计算。为此，我们回顾一下在 7.2.1 节矩阵复制核函数中的如下语句：

```
const int index = ny * N + nx;
if (nx < N && ny < N) B[index] = A[index];
```

为了便于理解，我们首先将这两条语句写成一条语句：

```
if (nx < N && ny < N) B[ny * N + nx] = A[ny * N + nx];
```

从数学的角度来看，这相当于做了 $B_{ij} = A_{ij}$ 的操作。如果要实现矩阵转置，即 $B_{ij} = A_{ji}$ 的操作，可以将上述代码换成

```
if (nx < N && ny < N) B[nx * N + ny] = A[ny * N + nx];
```

或者

```
if (nx < N && ny < N) B[ny * N + nx] = A[nx * N + ny];
```

以上两条语句都能实现矩阵转置，但是它们将带来不同的性能。与它们对应的核函数分别为 transpose1() 和 transpose2()，分别列于 Listing 7.2 和 Listing 7.3。可以看出，在核函数 transpose1() 中，对矩阵 A 中数据的访问（读取）是顺序的，但对矩阵 B 中数据的访问（写入）不是顺序的。在核函数 transpose2() 中，对矩阵 A 中数据的访问（读取）不是顺序的，但对矩阵 B 中数据的访问（写入）是顺序的。在不考虑数据是否对齐的情况下，我们可以说核函数 transpose1() 对矩阵 A 和 B 的访问分别是合并的和非合并的，而核函数 transpose2() 对矩阵 A 和 B 的访问分别是非合并的和合并的。

Listing 7.2　本章程序 matrix.cu 中的 transpose1() 核函数

```
1  __global__ void transpose1(const real *A, real *B, const int N)
2  {
3      const int nx = blockIdx.x * blockDim.x + threadIdx.x;
4      const int ny = blockIdx.y * blockDim.y + threadIdx.y;
5      if (nx < N && ny < N)
6      {
```

```
7            B[nx * N + ny] = A[ny * N + nx];
8        }
9    }
```

继续用 GeForce RTX 2080ti 测试相关核函数的执行时间（采用单精度浮点数计算）。核函数 transpose1() 的执行时间为 5.3 ms，而核函数 transpose2() 的执行时间为 2.8 ms。以上两个核函数中都有一个合并访问和一个非合并访问，但为什么性能差别那么大呢？这是因为，在核函数 transpose2() 中，读取操作虽然是非合并的，但利用了第 6 章提到的只读数据缓存的加载函数 __ldg()。从帕斯卡架构开始，如果编译器能够判断一个全局内存变量在整个核函数的范围都只可读（如这里的矩阵 A），则会自动用函数 __ldg() 读取全局内存，从而对数据的读取进行缓存，缓解非合并访问带来的影响。对于全局内存的写入，则没有类似的函数可用。这就是以上两个核函数性能差别的根源。所以，在不能满足读取和写入都是合并的情况下，一般来说应当尽量做到合并地写入。

Listing 7.3 本章程序 matrix.cu 中的 transpose2() 核函数

```
1  __global__ void transpose2(const real *A, real *B, const int N)
2  {
3      const int nx = blockIdx.x * blockDim.x + threadIdx.x;
4      const int ny = blockIdx.y * blockDim.y + threadIdx.y;
5      if (nx < N && ny < N)
6      {
7          B[ny * N + nx] = A[nx * N + ny];
8      }
9  }
```

对于开普勒架构和麦克斯韦架构，默认情况下不会使用 __ldg() 函数。用 Tesla K40 测试（采用单精度浮点数计算），核函数 transpose1() 的执行时间短一些，为 12 ms；而核函数 transpose2() 的执行时间长一些，为 23 ms。这与用 GeForce RTX 2080ti 测试的结果是相反的。在使用开普勒架构和麦克斯韦架构的 GPU 时，需要明显地使用 __ldg() 函数。例如，可将核函数 transpose2() 改写为核函数 transpose3()，其中使用 __ldg() 函数的代码行为

```
if (nx < N && ny < N) B[ny * N + nx] = __ldg(&A[nx * N + ny]);
```

完整的核函数见 Listing 7.4。该版本的核函数在 Tesla K40 中的执行时间为 8 ms，比核函数 transpose1() 的执行时间短了一些。

Listing 7.4　本章程序 matrix.cu 中的 transpose3() 核函数

```
__global__ void transpose3(const real *A, real *B, const int N)
{
    const int nx = blockIdx.x * blockDim.x + threadIdx.x;
    const int ny = blockIdx.y * blockDim.y + threadIdx.y;
    if (nx < N && ny < N)
    {
        B[ny * N + nx] = __ldg(&A[nx * N + ny]);
    }
}
```

除利用只读数据缓存加速非合并的访问外，有时还可以利用共享内存将非合并的全局内存访问转化为合并的。我们将在第 8 章讨论这个问题。

第 8 章

共享内存的合理使用

第 7 章讨论了全局内存的合理使用，本章接着讨论共享内存的合理使用。共享内存是一种可被程序员直接操控的缓存，主要作用有两个：一个是减少核函数中对全局内存的访问次数，实现高效的线程块内部的通信；另一个是提高全局内存访问的合并度。我们将通过两个具体的例子阐明共享内存的合理使用，包括一个数组归约的例子和第 7 章讨论过的矩阵转置的例子。其中，数组归约是一个非常适合学习 CUDA 编程的例子，通过它可以了解 CUDA 编程的很多方面，如第 9 章要介绍的原子函数及第 10 章要介绍的线程束内的函数和协作组。

8.1 例子：数组归约计算

考虑一个有 N 个元素的数组 x，假如我们需要计算该数组中所有元素的和，即 sum = x[0] + x[1] + ... + x[N - 1]。Listing 8.1 给出了一个实现该计算的 C++ 函数。

Listing 8.1 本章程序 reduce1cpu.cu 中的 reduce() 函数

```
1 real reduce(const real *x, const int N)
2 {
3     real sum = 0.0;
4     for (int n = 0; n < N; ++n)
5     {
6         sum += x[n];
7     }
8     return sum;
9 }
```

在这个例子中，我们考虑一个长度为 10^8 的一维数组。在主函数中，我们将每个数组元素初始化为 1.23。接着，调用函数 reduce() 并计时。在使用双精度浮点数时，该程序输出：

```
sum = 123000000.110771.
```

该结果前 9 位有效数字都正确，从第 10 位开始有错误。在使用单精度浮点数时，该程序输出：

```
sum = 33554432.000000.
```

该结果完全错误。这是因为，在累加计算中出现了所谓的“大数吃小数”的现象。单精度浮点数只有 6、7 位精确的有效数字。在上面的函数 `reduce()` 中，将变量 `sum` 的值累加到 3000 多万后，再将它和 1.23 相加，其值就不再增加了（小数被大数“吃掉了”，但大数并没有变化）。现在已经发展出更加安全的求和算法，如 Kahan 求和算法，但本书不讨论。后面会看到，我们的 CUDA 实现要比上述 C++ 实现稳健（robust）得多，使用单精度浮点数时结果也相当准确。这里，我们先关注计算效率。在作者的系统中测试，无论是使用单精度浮点数还是双精度浮点数，函数 `reduce()` 的执行时间都是约 100 ms。下面，我们讨论对应的 CUDA 程序的开发与优化。

8.1.1　仅使用全局内存

数组归约的并行计算显然比数组相加的并行计算复杂一些。对于数组相加的并行计算问题，我们只需要定义和数组元素一样多的线程，让一个线程去对两个数求和即可。对于数组归约的并行计算问题，我们要从一个数组出发，最终得到一个数。所以，必须使用某种迭代方案。假如数组元素个数是 2 的整数次方（我们稍后会去掉这个假设），我们可以将数组后半部分的各个元素与前半部分对应的数组元素相加。如果重复此过程，最后得到的第一个数组元素就是最初的数组中各个元素的和。这就是所谓的折半归约（binary reduction）法。假设使用一维网格和线程块，且将核函数的网格大小与线程块大小的乘积取为 `N`，初学者可能会写出如 Listing 8.2 所示的核函数，并认为核函数执行之后数组 `d_x` 的和就保存在 `d_x[0]` 中了。然而，用该核函数并不能得到正确的结果。这是因为，对于多线程的程序，两个不同线程中指令的执行次序可能和代码中所展现的次序不同。为了方便分析，我们将上述核函数中循环的前两次迭代明显地写出来：

```
if (n < N / 2) { d_x[n] += d_x[n + N / 2]; }
if (n < N / 4) { d_x[n] += d_x[n + N / 4]; }
```

考察对数组元素 `d_x[N / 4]` 的操作。在第一次迭代中（上述第一行）会有向数组元素 `d_x[N / 4]` 写入数据的操作（由线程 `n = N / 4` 执行）；在第二次迭代中（上述第二行）会有从 `d_x[N / 4]` 取出数据的操作（由线程 `n = 0` 执行）。有一种可能的情况：在线程 `n = 0` 开始执行第二行语句时，线程 `n = N / 4` 还没执行完第一行语句。如果这种情况发生了，就有可能得到预料之外的结果。

Listing 8.2 一个错误的归约核函数

```
void __global__ reduce(real *d_x, int N)
{
    int n = blockDim.x * blockIdx.x + threadIdx.x;
    for (int offset = N / 2; offset > 0; offset /= 2)
    {
        if (n < offset) { d_x[n] += d_x[n + offset]; }
    }
}
```

要保证核函数中语句的执行顺序与出现顺序一致，就必须使用某种同步机制。在 CUDA 中，提供了一个同步函数 `__syncthreads()`。该函数只能用在核函数中，其最简单的用法是不带任何参数：

`__syncthreads();`

该函数可保证一个线程块中的所有线程（或者说所有线程束）在执行该语句后面的语句之前都完全执行了该语句前面的语句。然而，该函数只是针对同一个线程块中的线程的，不同线程块中线程的执行次序依然是不确定的。

既然函数 `__syncthreads()` 能够同步单个线程块中的线程，那么我们就利用该功能让每个线程块对其中的数组元素进行归约。Listing 8.3 给出了实现该方案的核函数。

Listing 8.3 本章程序 reduce2gpu.cu 中仅使用全局内存的归约核函数

```
void __global__ reduce_global(real *d_x, real *d_y)
{
    const int tid = threadIdx.x;
    real *x = d_x + blockDim.x * blockIdx.x;

    for (int offset = blockDim.x >> 1; offset > 0; offset >>= 1)
    {
        if (tid < offset)
        {
            x[tid] += x[tid + offset];
        }
        __syncthreads();
    }

    if (tid == 0)
    {
```

```
17            d_y[blockIdx.x] = x[0];
18        }
19    }
```

下面是该核函数中值得注意的地方：

(1) 核函数的第 4 行定义了一个指针 x。赋值符号的右边是（动态）数组 d_x 中第 blockDimx.x * blockIdx.x 个元素的地址。所以，第 4 行也可写成

```
real *x = &d_x[blockDim.x * blockIdx.x];
```

这样定义的 x 在不同的线程块中指向全局内存中不同的地址，使得我们可以在不同的线程块中对数组 d_x 中不同的部分进行归约。具体地说，每一个线程块处理 blockDim.x 个数据。我们这里不再假设 N 是 2 的整数次方，但假设 N 能够被 blockDim.x 整除，而且假设 blockDim.x 是 2 的整数次方（作者采用最常用的线程块大小 128）。

(2) 第 6~13 行就是在各个线程块内对其中的数据独立地进行归约。第 12 行的同步语句保证了同一个线程块内的线程按照代码出现的顺序执行指令。至于两个不同线程块中的线程，则不一定按照代码出现的顺序执行指令，但这不影响程序的正确性。这是因为，在该核函数中，每个线程块都处理不同的数据，相互之间没有依赖。总结起来就是说，一个线程块内的线程需要合作，所以需要同步；两个线程块之间不需要合作，所以不需要同步。

(3) 核函数的第 6 行也值得注意。这里我们将 blockDim.x / 2 写成了 blockDim.x >> 1，并将 offset /= 2 写成了 offset >>= 1。这是利用了位操作。以上不同写法在结果上的等价性要求 blockDim.x 和 offset 都是 2 的整数次方。在核函数中，位操作比对应的整数操作高效。当所涉及的变量在编译期间就知道其可能的取值时，编译器会自动用位操作取代相应的整数操作，但明显地使用位操作也是不错的做法。

(4) 该核函数仅仅将一个长度为 10^8 的数组 d_x 归约到一个长度为 $10^8/128$ 的数组 d_y。为了计算整个数组元素的和，我们将数组 d_y 从设备复制到主机，并在主机继续对数组 d_y 归约，得到最终的结果。这样做不是很高效，但我们暂时先这样做。

用如下命令编译（其中的 -O3 选项是针对主机端代码的）：

```
$ nvcc -arch=sm_75 -O3 reduce2gpu.cu
```

用装有 GeForce RTX 2070 的计算机测试，使用单精度浮点数时，全部计算（包括核函数执行、将数组 d_y 从设备复制到主机及在主机中对数组 d_y 归约）所花时间为 5.8 ms，计算速度约为 CPU 版本的 17 倍。

8.1.2 使用共享内存

我们注意到，在前一个版本的核函数中，对全局内存的访问是很频繁的。我们介绍过，全局内存的访问速度是所有内存中最低的，应该尽量减少对它的使用。所有设备内存中，寄存器是最高效的，但在需要线程合作的问题中，用仅对单个线程可见的寄存器是不够的。我们需要使用对整个线程块可见的共享内存。

在核函数中，要将一个变量定义为共享内存变量，就要在定义语句中加上一个限定符 __shared__。一般情况下，我们需要的是一个长度等于线程块大小的数组。在当前问题中，我们可以定义如下共享内存数组变量：

```
__shared__ real s_y[128];
```

如果没有限定符 __shared__，该语句将极有可能定义一个长度为 128 的局部数组。注意：作者喜欢用前缀 s_ 给共享内存变量命名，而用前缀 d_ 给全局内存变量命名，这并不是必须的。需要强调的是，在一个核函数中定义一个共享内存变量，就相当于在每一个线程块中有了一个该变量的副本。每个副本都不一样，虽然它们共用一个变量名。核函数中对共享内存变量的操作都是同时作用在所有的副本上的。这种并行的特征在使用共享内存时需要牢记在心。

Listing 8.4 给出了使用了共享内存的归约核函数。我们仔细分析该核函数：

(1) 第 6 行定义了共享内存数组 s_y[128]。

(2) 第 7 行将全局内存中的数据复制到共享内存中。这里用到了前面说过的共享内存的特征：每个线程块都有一个共享内存变量的副本。第 7 行的语句所实现的功能可以展开如下：

1) 当 bid 等于 0 时，将全局内存中第 0 到第 blockDim.x - 1 个数组元素复制给第 0 个线程块的共享内存变量副本。

2) 当 bid 等于 1 时，将全局内存中第 blockDim.x 到第 2 * blockDim.x - 1 个数组元素复制给第 1 个线程块的共享内存变量副本。

3) 因为这里有 n < N 的判断，所以该函数能够处理 N 不是线程块大小的整数倍的情形。此时，最后一个线程块中与条件 n >= N 对应的共享内存数组元素将被赋值为 0，不对归约（求和）的结果产生影响。

(3) 第 8 行调用函数 __syncthreads() 进行线程块内的同步。在利用共享内存进行线程块之间的合作（通信）之前，都要进行同步，以确保共享内存变量中的数据对线程块内的所有线程来说都准备就绪。

(4) 第 10~18 行的归约计算用共享内存变量替换了原来的全局内存变量。这里也要记住：每个线程块都对其中的共享内存变量副本进行操作。在归约过程结束后，每一个线程块中的 s_y[0] 副本就保存了若干数组元素的和。

(5) 因为共享内存变量的生命周期仅仅在核函数内，所以必须在核函数结束之前将共享内存中的某些结果保存到全局内存，如第 20~23 行所示。这里的判断 `if (tid == 0)` 可保证其中的语句在一个线程块中仅被执行一次。该语句的作用可以展开如下：

1) 当 `bid` 等于 0 时，将第 0 个线程块中的 `s_y[0]` 副本复制给 `d_y[0]`；
2) 当 `bid` 等于 1 时，将第 1 个线程块中的 `s_y[0]` 副本复制给 `d_y[1]`；
3) 以此类推。

Listing 8.4　本章程序 reduce2gpu.cu 中使用静态共享内存的归约核函数

```
1  void __global__ reduce_shared(real *d_x, real *d_y)
2  {
3      const int tid = threadIdx.x;
4      const int bid = blockIdx.x;
5      const int n = bid * blockDim.x + tid;
6      __shared__ real s_y[128];
7      s_y[tid] = (n < N) ? d_x[n] : 0.0;
8      __syncthreads();
9
10     for (int offset = blockDim.x >> 1; offset > 0; offset >>= 1)
11     {
12
13         if (tid < offset)
14         {
15             s_y[tid] += s_y[tid + offset];
16         }
17         __syncthreads();
18     }
19
20     if (tid == 0)
21     {
22         d_y[bid] = s_y[0];
23     }
24 }
```

用装有 GeForce RTX 2070 的计算机测试，使用单精度浮点数时，全部计算（包括核函数执行、将数组 `d_y` 从设备复制到主机及在主机中对数组 `d_y` 归约）所花时间约为 5.8 ms，和不用共享内存的版本所用时间相当。用老一些的 Tesla K40（开普勒架构）测试，不使用共享内存时所用时间为 16.3 ms，使用共享内存时所用时间为 10.8 ms，后者更为高效。这说明使用共享内存减少全局内存的访问一般来说会带来性能的提升，但也不是绝对如此。一般来说，在核函数中对共享内存访问的次数越多，则由使用共享内存带来的加速效果越明显。在我们的数组归约问题中，使用共享内存相对于仅使用全局内存还有两个好处：一个是不再要求全局内存数组的长度 N 是线程块大小的整数倍，另一个是在归约的过程中不会改变全局内存数组中的数据（在仅使用全局内存时，数组 d_x 中的部分元素被改变）。这两点在实际的应用中往往都是很重要的。

共享内存的另一个作用是改善全局内存的访问方式（将非合并的全局内存访问转化为合并的），这将在 8.2 节通过矩阵转置的例子进行讨论。在此之前，我们进一步讨论共享内存的用法。

8.1.3 使用动态共享内存

在前面的核函数中，我们在定义共享内存数组时指定了一个固定的长度（128）。我们的程序假定了这个长度与核函数的执行配置参数 block_size （也就是核函数中的 blockDim.x）是一样的。如果在定义共享内存变量时不小心把数组长度写错了，就有可能引起错误或者降低核函数性能。

有一种方法可以减少这种错误发生的概率，那就是使用动态的共享内存。将前一个版本的静态共享内存改成动态共享内存，只需要做以下两处修改。

(1) 在调用核函数的执行配置中写下第三个参数：

```
<<<grid_size, block_size, sizeof(real) * block_size>>>
```

前两个参数分别是网格大小和线程块大小，第三个参数就是核函数中每个线程块需要定义的动态共享内存的字节数。在我们以前所有的执行配置中，这个参数都没有出现，其实是用了默认值零。

(2) 要使用动态共享内存，还需要改变核函数中共享内存变量的声明方式。例如：

```
extern __shared__ real s_y[];
```

它与之前静态共享内存的声明方式

```
__shared__ real s_y[128];
```

有两点不同，第一，必须加上限定词 extern；第二，不能指定数组大小。读者也许觉得可以将动态共享内存数组声明为指针：

```
extern __shared__ real *s_y;
```

但这是错的（无法通过编译），因为数组并不等价于指针。

无论使用什么 GPU 进行测试，使用动态共享内存的核函数和使用静态共享内存的核函数在执行时间上几乎没有差别。所以，使用动态共享内存不会影响程序性能，但有时可提高程序的可维护性。我们将在第 9 章继续对数组归约的计算进行优化。

8.2　使用共享内存进行矩阵转置

在第 7 章中，我们讨论了矩阵转置的计算，重点考察了全局内存的访问模式对核函数性能的影响。如果不利用共享内存的话，在矩阵转置问题中，对全局内存的读和写这两个操作，总有一个是合并的，另一个是非合并的。在本节，我们将看到，利用共享内存可以改善全局内存的访问模式，使得对全局内存的读和写都是合并的。

我们首先从第 7 章的核函数 transpose1() 出发，写出如 Listing 8.5 所示的利用共享内存的矩阵转置核函数。

Listing 8.5　本章程序 bank.cu 中利用共享内存进行矩阵转置但有 bank 冲突的核函数

```
1  __global__ void transpose1(const real *A, real *B, const int N)
2  {
3      __shared__ real S[TILE_DIM][TILE_DIM];
4      int bx = blockIdx.x * TILE_DIM;
5      int by = blockIdx.y * TILE_DIM;
6  
7      int nx1 = bx + threadIdx.x;
8      int ny1 = by + threadIdx.y;
9      if (nx1 < N && ny1 < N)
10     {
11         S[threadIdx.y][threadIdx.x] = A[ny1 * N + nx1];
12     }
13     __syncthreads();
14 
15     int nx2 = bx + threadIdx.y;
16     int ny2 = by + threadIdx.x;
17     if (nx2 < N && ny2 < N)
18     {
19         B[nx2 * N + ny2] = S[threadIdx.x][threadIdx.y];
20     }
21 }
```

下面是对该核函数详细的解释：

(1) 在矩阵转置的核函数中，最中心的思想是用一个线程块处理一片（tile）矩阵。这里，一片矩阵的行数和列数都是 TILE_DIM = 32 。为了利用共享内存改善全局内存的访问方式，我们在第 3 行定义了一个两维的静态共享内存数组 S ，其行数、列数与一片矩阵的行数、列数一致。

(2) 第 11 行，将一片矩阵数据从全局内存数组 A 中读出来，存放在共享内存数组中。这里对全局内存的访问是合并的（不考虑内存对齐的因素），因为相邻的 threadIdx.x 与全局内存中相邻的数据对应。

(3) 第 13 行，在将共享内存中的数据写入全局内存数组 B 之前，进行一次线程块内的同步操作。一般来说，在利用共享内存中的数据之前，都要进行线程块内的同步操作，以确保共享内存数组中的所有元素都已经更新完毕。

(4) 接下来的几行极为关键。为了能更好地理解这几行代码，将第 15~20 行改写为如下形式：

```
int nx2 = bx + threadIdx.x;
int ny2 = by + threadIdx.y;
if (nx2 < N && ny2 < N)
{
    B[nx2 * N + ny2] = S[threadIdx.y][threadIdx.x];
}
```

这样改写后的核函数与第 7 章的核函数 transpose1() 相比，唯一的区别就是将数据从全局内存转移到了共享内存，然后又原封不动地转移到了全局内存，并没有改变对全局内存的访问方式。要改变对全局内存的访问方式很简单：只要调换这几行代码中的 threadIdx.x 和 threadIdx.y 即可。调换之后，就得到了 Listing 8.5 中的核函数，其中对全局内存数组 B 的访问也是合并的，因为相邻的 threadIdx.x 与全局内存数组 B 中相邻的数据对应。

所以，在本章的核函数 transpose1() 中，对全局内存数组 A 和 B 的访问都是合并的。用 GeForce RTX 2080ti 测试（使用单精度浮点数），核函数的执行时间是 3.5 ms，这比第 7 章的 transpose1() 的执行时间（5.3 ms）要短，但比第 7 章的 transpose2() 的执行时间（2.8 ms）要长。本章的核函数 transpose1() 还有优化的空间，见 8.3 节的讨论。

8.3 避免共享内存的 bank 冲突

关于共享内存，有一个内存 bank 的概念值得注意。为了获得高的内存带宽，共享内存在物理上被分为 32 个（刚好等于一个线程束中的线程数目，即内建变量 warpSize 的值）同样宽度的、能被同时访问的内存 bank。我们可以将 32 个 bank 从 0~31 编号。在每一个 bank 中，又可以对其中的内存地址从 0 开始编号。为方便起见，我们将所有 bank 中编号为 0 的内存称为第一层内存；将所有 bank 中编号为 1 的内存称为第二层内存。在开普勒架构中，每个 bank 的宽度为 8 字节；在所有其他架构中，每个 bank 的宽度为 4 字节。这里不关注开普勒架构。

对于 bank 宽度为 4 字节的架构，共享内存数组是按如下方式线性地映射到内存 bank 的：共享内存数组中连续的 128 字节的内容分摊到 32 个 bank 的某一层中，每个 bank 负责 4 字节的内容。例如，对一个长度为 128 的单精度浮点数变量的共享内存数组来说，第 0~31 个数组元素依次对应到 32 个 bank 的第一层；第 32~63 个数组元素依次对应到 32 个 bank 的第二层；第 64~95 个数组元素依次对应到 32 个 bank 的第三层；第 96~127 个数组元素依次对应到 32 个 bank 的第四层。也就是说，每个 bank 分摊 4 个在地址上相差 128 字节的数据，参见图 8.1。

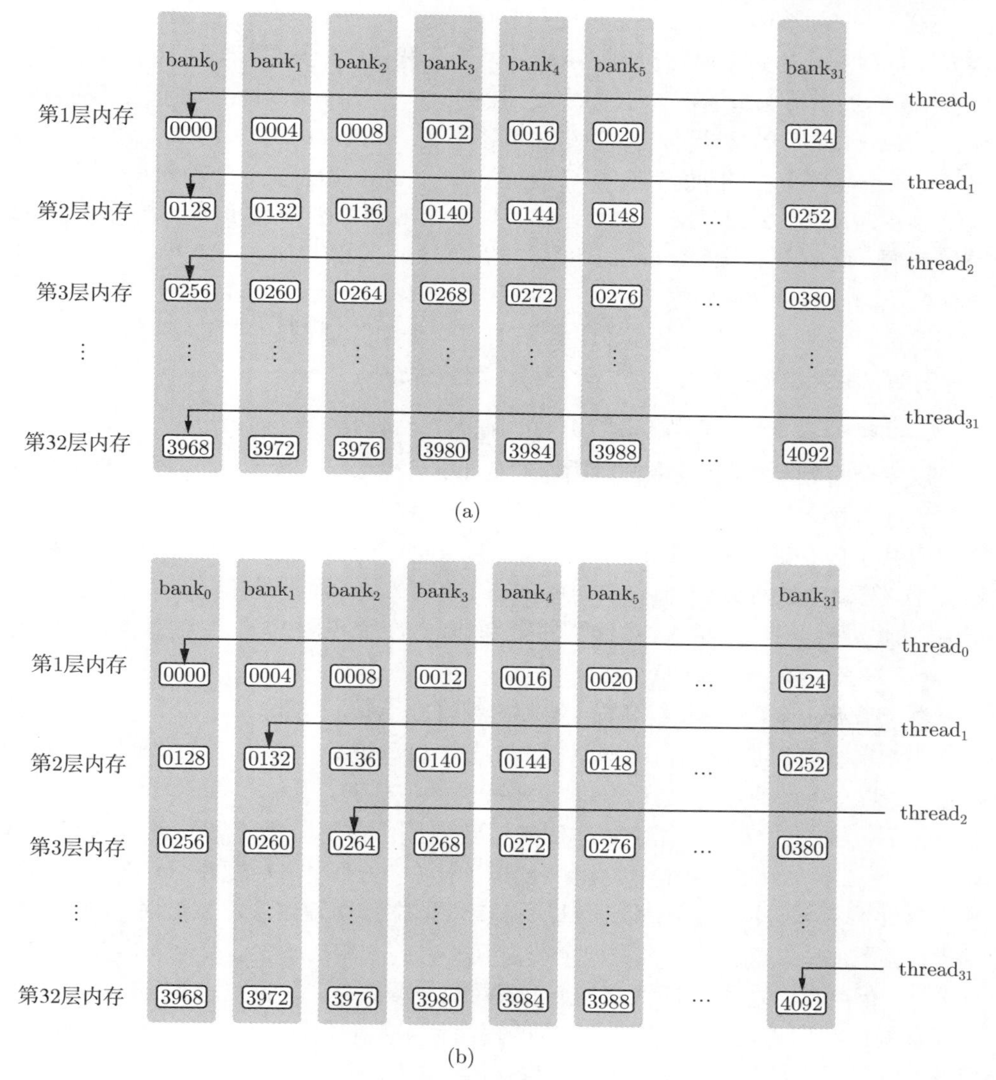

图 8.1　共享内存 bank 及有无 bank 冲突的示意图

只要同一线程束内的多个线程不同时访问同一个 bank 中不同层的数据，该线程束对共享内存的访问就只需要一次内存事务（memory transaction）。当同一线程束内的多个线程试图访问同一个 bank 中不同层的数据时，就会发生 bank 冲突。在一个线程束内对同一个 bank 中的 n 层数据同时访问将导致 n 次内存事务，称为发生了 n 路 bank 冲突。最坏的情况是线程束内的 32 个线程同时访问同一个 bank 中 32 个不同层的地址，这将导致 32 路 bank 冲突。这种 n 很大的 bank 冲突是要尽量避免的。

在 8.2 节的核函数 `transpose1()` 中，定义了一个长度为 $32 \times 32 = 1024$ 的单精度浮点型变量的共享内存数组。我们只讨论非开普勒架构的情形，其中每个共享内存 bank 的宽度为 4 字节。于是，每一层的 32 个 bank 将对应 32 个连续的数组元素；每个 bank 有 32 层数据。从 8.2 节核函数 `transpose1()` 的第 19 行可以看出，同一个线程束中的 32 个线程（连续的 32 个 threadIdx.x 值）将对应共享内存数组 `S` 中跨度为 32 的数据。也就是说，这 32 个线程将刚好访问同一个 bank 中的 32 个数据。这将导致 32 路 bank 冲突，参见图 8.1（a）。相比之下，第 11 行对共享内存的访问不导致 bank 冲突。

通常可以用改变共享内存数组大小的方式来消除或减轻共享内存的 bank 冲突。例如，将上述核函数中的共享内存定义修改如下：

```
__shared__ real S[TILE_DIM][TILE_DIM + 1];
```

就可以完全消除第 19 行读取共享内存时的 bank 冲突。这是因为，这样改变共享内存数组的大小之后，同一个线程束中的 32 个线程（连续的 32 个 threadIdx.x 值）将对应共享内存数组 `S` 中跨度为 33 的数据。如果第一个线程访问第一个 bank 的第一层，第二个线程则会访问第二个 bank 的第二层（而不是第一个 bank 的第二层）；以此类推。于是，这 32 个线程将分别访问 32 个不同 bank 中的数据，所以没有 bank 冲突，参见图 8.1（b）。

用 GeForce RTX 2080ti 测试（使用单精度浮点数），消除共享内存 bank 冲突的核函数的执行时间是 2.3 ms，这比第 7 章的 `transpose2()` 的执行时间（2.8 ms）要短。所以，尽量消除共享内存的 bank 冲突是值得的。

最后，我们总结一下几个版本的数组转置核函数的性能，见表 8.1。对 Tesla V100 和 GeForce RTX 2080ti 这两款 GPU 来说，在使用单精度浮点数时，使用共享内存并消除 bank 冲突的核函数最为高效，但在使用双精度浮点数时，仅使用全局内存（不使用共享内存）且保证全局内存的合并写入的（故导致全局内存的非合并读取，但此时会利用只读缓存加速）核函数最为高效。这说明，使用共享内存来改善全局内存的访问方式并不一定能够提高核函数的性能。所以，在优化 CUDA 程序时，一般需要对不同的优化方案进行测试与比较。

表 8.1　矩阵复制和转置问题（矩阵大小为 10000×10000）在两款 GPU 中的性能

GPU（精度）	V100（单）/ms	V100（双）/ms	2080ti（单）/ms	2080ti（双）/ms
矩阵复制	1.1	2.0	1.6	2.9
合并读取的转置	4.5	6.2	5.3	5.4
合并写入的转置	1.6	2.2	2.8	3.7
有 bank 冲突的转置	1.8	2.6	3.5	4.3
无 bank 冲突的转置	1.4	2.5	2.3	4.2

第 9 章

原子函数的合理使用

本章介绍一类实施原子操作（atomic operation）的函数，简称为原子函数。这里的“原子”与物理学（或者化学）中的原子没有直接关系，但它们在概念上有某些相通之处。从化学的角度来说，原子（严格地说包括带电离子）是化学物质的基本组成单元，被认为是不可分的（inseparable）。类似地，在 CUDA 中，一个线程的原子操作可以在不受其他线程的任何操作的影响下完成对某个（全局内存或共享内存中的）数据的一套“读–改–写”操作。该套操作也可以说是不可分的。读者若不明白以上几句话的含义也没关系，因为学完本章后便会明白。

9.1 完全在 GPU 中进行归约

在第 8 章几个版本的数组归约函数中，核函数并没有做全部的计算，而只是将一个长一些的数组 d_x 变成了一个短一些的数组 d_y，后者中的每个元素为前者中若干元素的和。在调用核函数之后，将短一些的数组复制到主机，然后在主机中完成了余下的求和。所有这些操作所用时间约为 5.8 ms（单精度的情形）。如果用 nvprof 进行测试，会发现以上几个版本的核函数所用时间都约为 3.2 ms，大概只有全部时间的一半。如果能在 GPU 中计算出最终结果，则有望显著地减少整体的计算时间，提升程序性能。有两种方法能够在 GPU 中得到最终结果，一是用另一个核函数将较短的数组进一步归约，得到最终的结果（一个数值）；二是在先前的核函数的末尾利用原子函数进行归约，直接得到最终结果。本章仅讨论第二种方法，在第 10 章将讨论第一种方法。

本章只介绍第二种方法。为此，我们先考察第 8 章 reduce2gpu.cu 程序中各个归约核函数的最后几行：

```
if (tid == 0)
{
    d_y[bid] = s_y[0];
}
```

这个 if 语句块的作用是将每一个线程块中归约的结果从共享内存 s_y[0] 复制到全局内存 d_y[bid]。为了将不同线程块的部分和 s_y[0] 累加起来，存放到一个全局内存地址，我们尝试将上述代码改写如下：

```
if (tid == 0)
{
    d_y[0] += s_y[0];
}
```

遗憾的是，该语句不能实现我们的目的。该语句在每一个线程块的第 0 号线程都会被执行，但是它们执行的次序是不确定的。在每一个线程中，该语句其实可以分解为两个操作：首先，从 d_y[0] 中取数据并与 s_y[0] 相加；然后，将结果写入 d_y[0]。不管次序如何，只有当一个线程的“读–写”操作不被其他线程干扰时，才能得到正确的结果。如果一个线程还未将结果写入 d_y[0]，另一个线程就读取了 d_y[0]，那么这两个线程读取的 d_y[0] 就是一样的，这必将导致错误的结果。考虑 bid 为 0 和 1 的两个线程块中的 0 号线程，它们都将执行如下计算：

```
d_y[0] += s_y[0];
```

假如 bid 为 0 的线程先读取 d_y[0] 的值，然后计算 d_y[0] + s_y[0]，得到了一个数，但是当它还没有来得及将结果写入 d_y[0] 时，bid 为 1 的线程也读取了 d_y[0] 的值。无论是哪个线程先将计算结果写入 d_y[0]，d_y[0] 的值都不是正确的。要得到所有线程块中的 s_y[0] 的和，必须使用原子函数，其用法如下（见本章程序 reduce.cu）：

```
if (tid == 0)
{
    atomicAdd(&d_y[0], s_y[0]);
}
```

原子函数 atomicAdd(address, val) 的第一个参数是待累加变量的地址 address，第二个参数是累加的值 val。该函数的作用是先将地址 address 中的旧值 old 读出，计算 old + val，然后将计算的值存入地址 address。这些操作在一次原子事务（atomic transaction）中完成，不会被别的线程中的原子操作所干扰。原子函数不能保证各个线程的执行具有特定的次序，但是能够保证每个线程的操作一气呵成，不被其他线程干扰，所以能够保证得到正确的结果。注意：这里的 if 语句可保证每个线程块的数据 s_y[0] 只累加一次。去掉这条 if 语句将使得最终输出的结果放大 128 倍。另外，要注意的是，原子函数 atomicAdd() 的第一个参数是待累加变量的指针，所以可以将 &d_y[0] 写成 d_y。

最后要注意的是，在调用该版本的核函数之前，必须将 d_y[0] 的值初始化为 0。在本章程序 reduce.cu 中，我们用如 Listing 9.1 所示的“包装函数”对核函数进行调用并做相应的前处理与后处理工作。读者应该能理解该函数中的代码。有两点值得注意：

(1) 这里的主机数组 h_y 使用的是栈（stack）内存，而不是堆（heap）内存。也就是说，传给 cudaMemcpy() 函数的主机内存可以是栈内存。在传输少量数据时可以这样做，但在传输大量数据时这样做不安全，因为栈的大小是很有限的。

(2) “包装函数”与核函数同名（都是 reduce），这是使用了 C++ 中函数的重载（overload）特性：两个函数可以同名，只要它们的参数列表不完全一致即可。

Listing 9.1 本章程序 reduce.cu 中的包装函数

```
real reduce(const real *d_x)
{
    const int grid_size = (N + BLOCK_SIZE - 1) / BLOCK_SIZE;
    const int smem = sizeof(real) * BLOCK_SIZE;

    real h_y[1] = {0};
    real *d_y;
    CHECK(cudaMalloc(&d_y, sizeof(real)));
    CHECK(cudaMemcpy(d_y, h_y, sizeof(real), cudaMemcpyHostToDevice));

    reduce<<<grid_size, BLOCK_SIZE, smem>>>(d_x, d_y, N);

    CHECK(cudaMemcpy(h_y, d_y, sizeof(real), cudaMemcpyDeviceToHost));
    CHECK(cudaFree(d_y));

    return h_y[0];
}
```

用如下命令编译单精度版本：

```
$ nvcc -O3 -arch=sm_75 reduce.cu
```

用如下命令编译双精度版本（需要帕斯卡或以上的架构）：

```
$ nvcc -O3 -arch=sm_75 -DUSE_DP reduce.cu
```

该版本的程序性能相对于前一版本有了显著的提高，在 GeForce RTX 2070 中的计算时间为 3.6 ms，相对于第 8 章使用共享内存的版本缩减了 2.2 ms。我们将在第 10 章继续对数组归约的计算进行优化。

原子函数 atomicAdd() 其实是有返回值的，只不过在上述程序中没有使用。另外，CUDA 中还有很多其他的原子函数。下面，我们较为系统地介绍 CUDA 中的原子函数。

9.2 原子函数

原子函数对它的第一个参数指向的数据进行一次“读–改–写”的原子操作，即一气呵成、不可分割的操作。第一个参数可以指向全局内存，也可以指向共享内存。对所有参与的线程来说，该“读–改–写”的原子操作是一个线程一个线程轮流做的，但没有明确的次序。另外，原子函数没有同步功能。

从帕斯卡架构开始，在原来的原子函数的基础上引入了两类新的原子函数。例如，对原子函数 atomicAdd() 来说，从帕斯卡架构起引入了另外两个原子函数，分别是 atomicAdd_system() 和 atomicAdd_block()，前者将原子函数的作用范围扩展到整个同节点的异构系统（包括主机和所有设备），后者将原子函数的作用范围缩小至一个线程块。本书不具体讨论这两类原子函数的使用。

下面，我们列出所有原子函数的原型，并介绍它们的功能。我们约定，对每一个线程来说，address 所指变量的值在实施与该线程对应的原子函数前为 old，在实施与该线程对应的原子函数后为 new。对每一个原子函数来说，返回值都是 old。另外，要注意的是，这里介绍的原子函数都是 __device__() 函数，只能在核函数中使用。

(1) 加法：T atomicAdd(T *address, T val);

功能：new = old + val。

(2) 减法：T atomicSub(T *address, T val);

功能：new = old - val。

(3) 交换：T atomicExch(T *address, T val);

功能：new = val。

(4) 最小值：T atomicMin(T *address, T val);

功能：new = (old < val) ? old : val。

(5) 最大值：T atomicMax(T *address, T val);

功能：new = (old > val) ? old : val。

(6) 自增：T atomicInc(T *address, T val);

功能：new = (old >= val) ? 0 : (old + 1)。

(7) 自减：T atomicDec(T *address, T val);

功能：new = ((old == 0) || (old > val)) ? val : (old - 1)。

(8) 比较–交换（compare and swap）：T atomicCAS(T *address, T compare, T val);

功能：new = (old == compare) ? val : old。

(9) 按位与：T atomicAnd(T *address, T val);

功能：`new = old & val`。

(10) 按位或：`T atomicOr(T *address, T val);`

功能：`new = old | val`。

(11) 按位异或：`T atomicXor(T *address, T val);`

功能：`new = old ^ val`。

在上面所列函数中，我们用 `T` 表示相关变量的数据类型。各个原子函数对数据类型的支持情况见表 9.1。可以看出，`atomicAdd()` 对数据类型的支持是最全面的。其中，`atomicAdd()` 对双精度浮点数类型 `double` 的支持始于帕斯卡架构，对含有两个半精度浮点数变量的结构类型 `__half2` 的支持也始于帕斯卡架构（实际上始于计算能力 5.2，但没有在 CUDA 运行时 API 中展现），对半精度浮点数类型 `__half` 的支持始于伏特架构。

表 9.1 CUDA 中原子函数所支持的变量类型

原子函数	int	unsigned	unsigned long long	float	double	`__half2`	`__half`
atomicAdd	yes	yes	yes	yes	yes	yes	yes
atomicSub	yes	yes	no	no	no	no	no
atomicExch	yes	yes	yes	yes	no	no	no
atomicCAS	yes	yes	yes	no	no	no	no
atomicInc	no	yes	no	no	no	no	no
atomicDec	no	yes	no	no	no	no	no
atomicMax	yes	yes	yes	no	no	no	no
atomicMin	yes	yes	yes	no	no	no	no
atomicAnd	yes	yes	yes	no	no	no	no
atomicOr	yes	yes	yes	no	no	no	no
atomicXor	yes	yes	yes	no	no	no	no

在所有原子函数中，`atomicCAS()` 函数是比较特殊的：所有其他原子函数都可以用它实现。例如，在帕斯卡架构出现以前，`atomicAdd()` 函数不支持双精度浮点数，就有人用 `atomicCAS()` 函数自己实现一个支持双精度浮点数的 `atomicAdd()` 函数，该实现来自于《CUDA C++ Programming Guide》，见 Listing 9.2。我们不对该实现进行讲解，但值得强调的是，该实现比帕斯卡及更高架构提供的 `atomicAdd()` 函数要慢得多。所以，在帕斯卡及更高架构的 GPU 中，绝对不要使用该实现。即使在开普勒架构和麦克斯韦架构的 GPU 中，也要尽量避免使用该实现，而考虑直接用单精度版本的 `atomicAdd()` 函数（如果可以接受的话）或者通过改变算法避免使用原子函数。

Listing 9.2　《CUDA C++ Programming Guide》中用 atomicCAS() 函数实现的一个支持双精度浮点数的 atomicAdd() 函数

```
__device__ double atomicAdd(double* address, double val)
{
    unsigned long long *address_as_ull=(unsigned long long *)address;
    unsigned long long old = *address_as_ull, assumed;

    do
    {
        assumed = old;
        old = atomicCAS
        (
            address_as_ull, assumed,
            __double_as_longlong(val + __longlong_as_double(assumed))
        );
    } while (assumed != old);

    return __longlong_as_double(old);
}
```

9.3　例子：邻居列表的建立

在系统介绍了 CUDA 中的原子函数之后，我们用一个建立邻居列表（neighbor list）的例子进一步说明原子函数的使用。许多计算机模拟都用到了邻居列表，如分子动力学模拟（molecular dynamics simulation）和蒙特卡罗模拟（Monte Carlo simulation）。

给定 N 个粒子的坐标 $\boldsymbol{r}_i$，如何确定每个粒子的邻居个数及每个邻居的粒子指标呢？其中，两个粒子互为邻居的判据如下：它们的距离不大于一个给定的截断距离 $r_{\rm c}$。为明确起见，我们以如图 9.1 所示的原子系统为例进行讨论。该图展示的是一个单层多晶石墨烯片中的部分原子坐标。图 9.1 中每一个点代表一个碳原子。横坐标 x 和纵坐标 y 的单位都是埃（angstrom），即 10^{-10} m。该体系是二维的，所有原子的 z 坐标值都是零。包含全部坐标数据的文本文件 `xy.txt` 可在与本书对应的 Github 网站下载。该图是用 MATLAB 软件绘制的，相应的脚本 `plot_points.m` 也可在该网站下载。读者可以看到，该图没有显示碳原子之间的化学键。要画出化学键，需知道哪些原子之间有化学键，这就需要计算邻居列表，即每一个原子的所有邻居原子。一个原子和它的每一个邻居原子之间都有一个碳碳化学键。我们的目标就是确定这个体系的邻居列表，从而画出化学键，得到更美观的图。

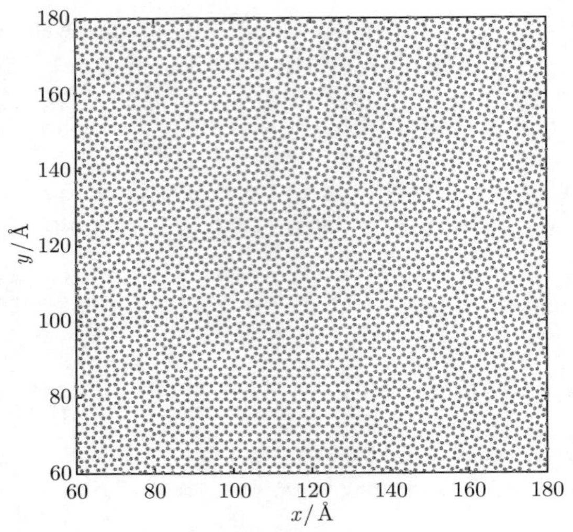

图 9.1 一个单层多晶石墨烯片中的部分原子坐标

（请扫 II 页二维码看彩图）

我们用一个简单的例子来说明邻居列表的概念。假设有 4 个粒子，从 0~3 进行标记。假设它们两两之间都是邻居，那么每个粒子就有 3 个邻居，其中第 0 个粒子的邻居为 1、2 和 3；以此类推。

我们的基本算法如下：对每一个给定的粒子，通过比较它与所有其他粒子的距离来判断相应的粒子对是否互为邻居。这是一个计算量正比于粒子数平方 N^2 的算法，或者 $O(N^2)$ 算法。对于大体系，有一个更加高效但编程实现相对复杂的 $O(N)$ 算法，计算量仅仅正比于粒子数 N，但为简单起见，本书不讨论 $O(N)$ 算法。

9.3.1 C++ 版本的开发

C++ 版本的完整程序见本章的 `neighbor1cpu.cu`。主函数中的计算流程是：①从文件 `xy.txt` 中读取坐标数据；②调用函数 `find_neighbor()` 构建邻居列表并对该函数计时；③将计算出的邻居列表数据输出到文件 `neighbor.txt`。Listing 9.3 给出了 C++ 版本的 `find_neighbor()` 函数。该函数涉及的参数与数据如下：

(1) 总的原子数 `N`。

(2) 每个原子的最多邻居原子数 `MN`。我们这里将它设置为 10，代表我们认为不可能有任何原子拥有 10 个以上的邻居。实际上，在我们选取的截断距离内，不可能有原子拥有 3 个以上的邻居。所以，我们也可以将该变量初始化为 3。这里要注意的是，如果该参数取得小了，就有可能出现内存错误；如果该参数取得过大，只不过浪费一些内存。在输出邻居列表的数据之前，程序会对此进行检测。

(3) 判断两个原子是否为邻居的截断距离平方 `cutoff_square`。我们这里取为

1.9^2 $Å^2$。这个参数与我们给定的模型有关，读者不必深究。

(4) 整型数组 NN。该数组的长度为 N，其中 NN[n] 是第 n 个粒子的邻居个数。

(5) 整型数组 NL。该数组的长度为 N * MN，其中 NL[n * MN + k] 是第 n 个粒子的第 k 个邻居的指标。

(6) 单精度或双精度浮点型数组 x 和 y。它们的长度都是 N，分别记录每个原子的 x 坐标和 y 坐标。

Listing 9.3　本章程序 neighbor1cpu.cu 中构建邻居列表的函数

```
1  void find_neighbor(int *NN, int *NL, const real *x, const real *y)
2  {
3      for (int n = 0; n < N; n++)
4      {
5          NN[n] = 0;
6      }
7
8      for (int n1 = 0; n1 < N; ++n1)
9      {
10         real x1 = x[n1];
11         real y1 = y[n1];
12         for (int n2 = n1 + 1; n2 < N; ++n2)
13         {
14             real x12 = x[n2] - x1;
15             real y12 = y[n2] - y1;
16             real distance_square = x12 * x12 + y12 * y12;
17             if (distance_square < cutoff_square)
18             {
19                 NL[n1 * MN + NN[n1]++] = n2;
20                 NL[n2 * MN + NN[n2]++] = n1;
21             }
22         }
23     }
24 }
```

下面对函数 find_neighbor() 的实现做一些解释：

(1) 第 3~6 行将数组 NN 的所有元素初始化为零，因为后面要对数组元素进行累加。

(2) 从第 8 行开始，对体系的所有原子进行二重循环。循环变量 n1 和 n2 就代表两个可能互为邻居的原子。我们知道，如果 n2 是 n1 的邻居，那么反过来，n1 一定也是 n2 的邻居。所以，我们只考虑 n2 > n1 的情形，从而省去一半的计算。

(3) 在循环体中，首先计算两个原子之间的距离平方 distance_square，并与截断距离平方 cutoff_square 比较（比较距离的平方，而不是距离，就避免了使用比较耗时的求平方根的数学函数）。若原子之间的距离平方小于截断距离平方，则给原子 n1 添加一个邻居原子 n2，并将 n1 的邻居原子数 NN[n1] 增 1。接着，给原子 n2 添加一个邻居原子 n1，并将 n2 的邻居原子数 NN[n2] 增 1。第 19~20 行的代码充分利用了 C++ 中的自增运算符 ++ 的功能。注意：这里必须用后置的自增运算 NN[n1]++，不能用前置的自增运算 ++NN[n1]，因为 NN[n1]++ 代表先用 NN[n1] 的值，再将它加 1，而 ++NN[n1] 代表先将 NN[n1] 加 1，再用它的值。

用如下命令编译单精度版本：

```
$ nvcc -O3 -arch=sm_75 neighbor1cpu.cu
```

用如下命令编译双精度版本：

```
$ nvcc -O3 -arch=sm_75 -DUSE_DP neighbor1cpu.cu
```

无论是使用单精度浮点数还是双精度浮点数，在作者的计算机中 find_neighbor() 函数的执行时间都约为 250 ms。在得到输出文件后，用作者准备的 MATLAB 脚本 plot_bonds.m 就可以得到图 9.2。相对于图 9.1，该图画上了碳碳键（红色的线），显得更加美观了。

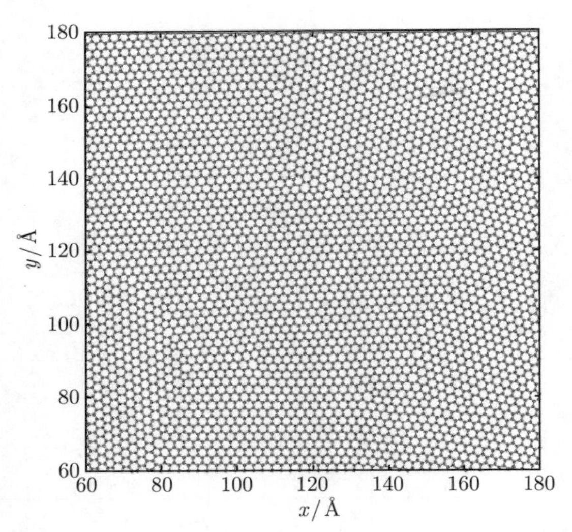

图 9.2 与图 9.1 对应的单层多晶石墨烯片中的部分原子坐标

除原来图中代表碳原子的点外，此图还增加了代表碳碳键的红色线。从此图可以清晰地看到很多六边形环（对应于没有缺陷的石墨烯片）及少量的五边形环和七边形环（对应于晶界处的缺陷）

（请扫 II 页二维码看彩图）

9.3.2 利用原子操作的 CUDA 版本

我们首先尝试从上面 C++ 版本的 find_neighbor() 函数出发，写出一个对应的核函数。Listing 9.4 给出了程序 neighbor2gpu.cu 中的核函数 find_neighbor_atomic()。该核函数基本上是 C++ 版本中 find_neighbor() 函数的翻译版。在该核函数中，我们首先将线程指标

```
blockIdx.x * blockDim.x + threadIdx.x
```

对应到原子指标 n1。然后，我们就可以去掉对指标 n1 的循环，而改为判断语句 if (n1 < N)。这种将 C++ 程序中的最外层循环改成核函数中的判断语句的做法是开发 CUDA 程序时经常用到的模式。当判断语句中的条件成立时，我们首先将每一个原子的邻居数目初始化为零。如果接下来对 n2 的循环与原来 C++ 版本的函数中对应的代码一样，那么将得到一个错误的函数。出错的地方在如下语句：

```
d_NL[n1 * MN + d_NN[n1]++] = n2;
d_NL[n2 * MN + d_NN[n2]++] = n1;
```

第一句的作用是先将原子 n2 记为原子 n1 的第 d_NN[n1] 个邻居，然后将 d_NN[n1] 的值加 1。第二句的作用是先将原子 n1 记为原子 n2 的第 d_NN[n2] 个邻居，然后将 d_NN[n2] 的值加 1。然而，我们注意到，一个线程是和一个原子对应的。在与 n1 对应的线程中，第二条语句代表我们试图对 d_NN[n2] 进行累加操作。但是，在与 n2 对应的线程中，第一条语句代表我们也试图对 d_NN[n2] 进行累加操作。通过本章前面的学习，我们知道，此时要利用原子函数，即将上述语句改为

```
d_NL[n1 * MN + atomicAdd(&d_NN[n1], 1)] = n2;
d_NL[n2 * MN + atomicAdd(&d_NN[n2], 1)] = n1;
```

Listing 9.4 本章程序 neighbor2gpu.cu 中使用原子函数构建邻居列表的核函数

```
1  void __global__ find_neighbor_atomic
2  (
3      int *d_NN, int *d_NL, const real *d_x, const real *d_y,
4      const int N, const real cutoff_square
5  )
6  {
7      int n1 = blockIdx.x * blockDim.x + threadIdx.x;
8      if (n1 < N)
9      {
10         d_NN[n1] = 0;
11         real x1 = d_x[n1];
12         real y1 = d_y[n1];
13         for (int n2 = n1 + 1; n2 < N; ++n2)
14         {
15             real x12 = d_x[n2] - x1;
16             real y12 = d_y[n2] - y1;
17             real distance_square = x12 * x12 + y12 * y12;
```

```
18            if (distance_square < cutoff_square)
19            {
20                d_NL[n1 * MN + atomicAdd(&d_NN[n1], 1)] = n2;
21                d_NL[n2 * MN + atomicAdd(&d_NN[n2], 1)] = n1;
22            }
23        }
24    }
25 }
```

在使用原子函数时还有一个容易犯的错误，就是没有合理利用返回值。在 C++ 版本的程序中，我们可以将代码

```
NL[n1 * MN + NN[n1]++] = n2;
NL[n2 * MN + NN[n2]++] = n1;
```

改写成如下形式：

```
NL[n1 * MN + NN[n1]] = n2;
NN[n1]++;
NL[n2 * MN + NN[n2]] = n1;
NN[n2]++;
```

它们都是正确的。然而，如果类似地将使用原子函数的代码

```
d_NL[n1 * MN + atomicAdd(&d_NN[n1], 1)] = n2;
d_NL[n2 * MN + atomicAdd(&d_NN[n2], 1)] = n1;
```

改写成如下形式：

```
d_NL[n1 * MN + d_NN[n1]] = n2;
atomicAdd(&d_NN[n1], 1);
d_NL[n2 * MN + d_NN[n2]] = n1;
atomicAdd(&d_NN[n2], 1);
```

那就大错特错了。这是因为，改写后第一行使用的 `d_NN[n1]` 的值并不能保证是第二行的原子函数读取的 `d_NN[n1]` 的值，而有可能是被别的线程的原子函数改动过的值。这是在使用原子函数所访问变量的“旧值”时需要特别注意的一点。下面是一种正确的写法：

```
int tmp1 = atomicAdd(&d_NN[n1], 1);
d_NL[n1 * MN + tmp1] = n2;
int tmp2 = atomicAdd(&d_NN[n2], 1);
d_NL[n2 * MN + tmp2] = n1;
```

在这种写法中，我们用临时变量 `tmp1` 和 `tmp2` 保留了 `d_NN[n1]` 和 `d_NN[n2]` 的“旧值”。

9.3.3 不用原子操作的 CUDA 版本

对于一个使用了原子函数的问题，有时也可以通过改变算法，去掉对原子函数的使用。在上面的问题中，之所以需要使用原子函数，是因为我们省去了一半对距离的判断，使得不同的线程可能同时写入同一个全局内存地址。如果我们不省去那一半对距离的判断，就可以在一个线程中仅仅写入与之对应的全局内存地址，从而不需要使用原子函数。基于这样的考虑，我们可以写出一个不使用原子函数的核函数，见 Listing 9.5。

Listing 9.5　本章程序 neighbor2gpu.cu 中不使用原子函数构建邻居列表的核函数

```
1  void __global__ find_neighbor_no_atomic
2  (
3      int *d_NN, int *d_NL, const real *d_x, const real *d_y,
4      const int N, const real cutoff_square
5  )
6  {
7      int n1 = blockIdx.x * blockDim.x + threadIdx.x;
8      if (n1 < N)
9      {
10         int count = 0;
11         real x1 = d_x[n1];
12         real y1 = d_y[n1];
13         for (int n2 = 0; n2 < N; ++n2)
14         {
15             real x12 = d_x[n2] - x1;
16             real y12 = d_y[n2] - y1;
17             real distance_square = x12 * x12 + y12 * y12;
18             if ((distance_square < cutoff_square) && (n2 != n1))
19             {
20                 d_NL[(count++) * N + n1] = n2;
21             }
22         }
23         d_NN[n1] = count;
24     }
25 }
```

相比于使用原子函数的版本，主要有如下几点变化：

(1) 第 13 行中循环变量 n2 的值从 0 开始，而不是从 n1 + 1 开始。也就是说，对每个粒子 n1，我们逐一考察所有其他粒子（甚至包括它自己）是不是它的邻居。

(2) 正因为循环变量 n2 的值包含 n1，所以我们在第 18 行需要判断 n2 是否等于 n1。这里，我们使用了一个合并判断语句的技巧。因为只有当 n2 != n1 和 distance_square < cutoff_square 同时成立时，才认为 n2 是 n1 的邻居，所以我们用一个复合判断语句，而不是像下面这样分别判断：

```
if (n2 == n1)
{
    continue;
}
if (distance_square < cutoff_square)
{
    d_NL[(count++) * N + n1] = n2;
}
```

在该复合判断中，还有一个值得注意的地方是，我们将距离的判断放在 && 的前面，将粒子身份的判断放在 && 的后面，这是因为对距离的判断得到假的概率要大一些（很多粒子对之间都不是邻居），对粒子身份的判断得到假的概率要小很多（两个粒子相同的概率很小），而逻辑与操作在得知前面的判断结果为假之后就不会再进行后面的判断了。读者可以修改代码，测试这里说的几种可能的判断方式导致的性能差别。

(3) 另外一个值得一提的优化策略是用一个寄存器变量 count 减少了对全局内存变量 d_NN[n1] 的访问，相关代码见第 10、20 和 23 行。读者可以修改代码，测试不使用寄存器变量减少对全局内存的访问所带来的性能损失。

(4) 最后，我们改变了邻居列表中的数据排列方式：将 d_NL[n1 * MN + count++] 改成了 d_NL[(count++) * N + n1]。因为 n1 的变化步调与 threadIdx.x 一致，这样修改之后，对全局内存数组 d_NL 的访问将是合并的（不考虑数据不对齐带来的影响）。

用如下命令编译单精度版本：

```
$ nvcc -O3 -arch=sm_75 neighbor2gpu.cu
```

用如下命令编译双精度版本：

```
$ nvcc -O3 -arch=sm_75 -DUSE_DP neighbor2gpu.cu
```

表 9.2 给出了 GeForce RTX 2070 和 Tesla V100 测试的结果。可以看出，总的来说，使用原子函数的核函数性能较高。即使使用原子函数能够提升核函数的性能，它还是有一个缺点，即运用原子函数时会引入随机性，因为原子函数只能保证每个原子操作的完整性，并不能保证不同的原子操作之间具有特定的次序。在使用原子函数构建邻居列表时，虽然每个粒子的邻居原子的个数与编号都是确定的，但它们在数组 d_NL 中的位置可能不一样。举例来说，第一次运行程序时，存储在数组 d_NL 中的粒子 0 的 3 个邻居可能依次是 2、3 和 4，而第

二次运行程序时它们可能分别是 3、4 和 2。这种随机性会导致每次运行程序时结果都不一样，对程序的测试造成一定的困难。在作者写的分子动力学模拟程序 GPUMD（https://github.com/brucefan1983/GPUMD）中，使用了前面提到的 $O(N)$ 算法来构建邻居列表，其中用到了原子函数，但在使用邻居列表之前，对其中的数据进行了某种排序，消除了由原子函数导致的随机性，使得在调试程序时，同样的输入总是给出同样的输出。

表 9.2　构建邻居列表的核函数在 GeForce RTX 2070 和 Tesla V100 中的计算性能

GPU（精度）	RTX 2070（单）	RTX 2070（双）	V100（单）	V100（双）
使用原子函数/ms	2.5	16	1.8	2.6
不使用原子函数/ms	2.8	23	1.9	2.6

注："单"和"双"分别指在程序中使用单精度和双精度浮点数。

最后值得一提的是，无论如何优化本节的程序，都不可能达到 $O(N)$ 算法所能达到的性能（除非研究的体系非常小）。也就是说，在开发 CUDA 程序时，算法的设计是更重要的。一个低效的算法无论怎样优化也可能比不上一个高效的算法。然而，本书重点关注的是在给定的算法框架下如何写出正确、高效的 CUDA 程序，而不是系统地讨论各种并行算法。

第 10 章

线程束基本函数与协作组

我们已经多次提到线程束（warp），即一个线程块中连续的 32 个线程。本章将对它及相关的 CUDA 语法和编程模型进行更加深入、系统的介绍。本章涉及的大部分 CUDA 编程功能由 CUDA 9 引入，而且有些功能仅受到帕斯卡或更高架构的支持。

10.1 单指令–多线程执行模式

从硬件上来看，一个 GPU 被分为若干个流多处理器（SM）。在同一个架构中，不同型号的 GPU 可以有不同数目的 SM。核函数中定义的线程块在执行时将被分配到还没有完全占满的 SM 中。一个线程块不会被分配到不同的 SM 中，而总是在一个 SM 中，但一个 SM 可以有一个或多个线程块。不同的线程块之间可以并发或顺序地执行，一般来说，不能同步（即使利用后面要介绍的协作组也只能在一些特殊的情形进行线程块之间的同步）。当某些线程块完成计算任务后，对应的 SM 会部分或完全地空闲，然后会有新的线程块被分配到空闲的 SM。

从更细的粒度看，一个 SM 以 32 个线程为单位产生、管理、调度、执行线程。这样的 32 个线程称为一个线程束。一个 SM 可以处理一个或多个线程块。一个线程块又可分为若干个线程束。例如，一个 128 线程的线程块将被分为 4 个线程束，其中每个线程束包含 32 个具有连续线程号的线程。这样的划分对所有的 GPU 架构都是成立的。

在伏特架构之前，一个线程束中的线程拥有同一个程序计数器（program counter），但各自有不同的寄存器状态（register state），从而可以根据程序的逻辑判断选择不同的分支。虽然可以选择分支，但是在执行时，各个分支是依次顺序执行的。在同一时刻，一个线程束中的线程只能执行一个共同的指令或者闲置，这称为单指令–多线程（single instruction multiple thread，SIMT）的执行模式。

当一个线程束中的线程顺序地执行判断语句中的不同分支时，我们称发生了分支发散（branch divergence）。例如，假如核函数中有如下判断语句：

```
if (condition)
```

```
{
    A;
}
else
{
    B;
}
```

首先，满足 condition 的线程会执行语句 A，其他的线程将闲置。然后，不满足 condition 的线程会执行语句 B，其他的线程将闲置。这样，当语句 A 和语句 B 的指令数差不多时，整个线程束的执行效率就比没有分支的情形低一半。值得强调的是，分支发散是针对同一个线程束内部的线程的。如果不同的线程束执行条件语句的不同分支，则不属于分支发散。我们考察核函数中的如下代码段（假如线程块大小是 128）：

```
int warp_id = threadIdx.x / 32;
switch (warp_id)
{
    case 0 : S0; break;
    case 1 : S1; break;
    case 2 : S2; break;
    case 3 : S3; break;
}
```

其中，变量 warp_id 在不同的线程束中取不同的值，但在同一个线程束中取相同的值，所以这里没有分支发散。若将上述代码段改写成如下形式：

```
int lane_id = threadIdx.x % 32;
switch (lane_id)
{
    case 0 : S0; break;
    case 1 : S1; break;
    ...
    case 31 : S31; break;
}
```

则将导致严重的分支发散，因为变量 lane_id 在同一个线程束内部可以取 32 个不同的值。

一般来说，在编写核函数时要尽量避免分支发散。但是，在很多情况下，根据算法的需求，是无法完全避免分支发散的。例如，在数组相加程序及很多其他的程序中，我们都会在核函数中使用如下判断语句：

```
if (n < N)
{
    // Do something
}
```

该判断语句最多导致最后一个线程块中的某些线程束发生分支发散，故一般来说不会显著地影响程序的性能。然而，正如我们强调过的，如果漏掉了该判断，则可能会导致灾难性的内存错误。有时能够通过合并判断语句减少分支发散，正如在第 9 章的 neighbor2gpu.cu 程序中所做的那样。另外，如果一个判断语句的两个分支中有一个分支不包含指令，那么即使发生了分支发散也不会显著地影响程序性能。总之，须把程序的正确性放在第一位，不能因为担心发生分支发散而不敢写判断语句。

从伏特架构开始，引入了独立线程调度（independent thread scheduling）机制。每个线程有自己的程序计数器。这使得伏特架构有了一些以前的架构所没有的新的线程束内同步与通信的模式，从而提高了编程的灵活性，降低了移植已有 CPU 代码的难度。要实现独立线程调度机制，一个代价是增加了寄存器负担：单个线程的程序计数器一般需要使用两个寄存器。也就是说，伏特架构的独立线程调度机制使得 SM 中每个线程可利用的寄存器少了两个。另外，独立线程调度机制使得假设了线程束同步（warp synchronous）的代码变得不再安全。例如，在数组归约的例子中，当线程号小于 32 时，省去线程块同步函数 __syncthreads() 在伏特架构之前是允许的做法，但从伏特架构开始便是不再安全的做法了。在 10.2 节，我们介绍一个比线程块同步函数 __syncthreads() 粒度更细的线程束内同步函数 __syncwarp()。如果要在伏特或者更高架构的 GPU 中运行一个使用了线程束同步假设的程序，则可以在编译时将虚拟架构指定为低于伏特架构的计算能力。例如，可以用如下选项编译这样的程序：

```
-arch=compute_60 -code=sm_70
```

这将在生成 PTX 代码时使用帕斯卡架构的线程调度机制，而忽略伏特架构的独立线程调度机制。

10.2 线程束内的线程同步函数

在我们的归约问题中，当所涉及的线程都在一个线程束内时，可以将线程块同步函数 __syncthreads() 换成一个更加廉价的线程束同步函数 __syncwarp()。我们将它简称为束内同步函数。该函数的原型为

```
void __syncwarp(unsigned mask = 0xffffffff);
```

该函数有一个可选的参数。该参数是一个代表掩码的无符号整型数，默认值的全部 32 个二进制位都为 1，代表线程束中的所有线程都参与同步。如果要排除一些线程，可以用一个对应的二进制位为 0 的掩码参数。例如，掩码 0xfffffffe 代表排除第 0 号线程。用该束内同步函数，可以将第 9 章的归约核函数改写为 Listing 10.1 所示的核函数。

Listing 10.1　本章程序 reduce.cu 中使用束内同步函数的归约核函数

```
void __global__ reduce_syncwarp(const real *d_x, real *d_y, const int
    N)
{
    const int tid = threadIdx.x;
    const int bid = blockIdx.x;
    const int n = bid * blockDim.x + tid;
    extern __shared__ real s_y[];
    s_y[tid] = (n < N) ? d_x[n] : 0.0;
    __syncthreads();

    for (int offset = blockDim.x >> 1; offset >= 32; offset >>= 1)
    {
        if (tid < offset)
        {
            s_y[tid] += s_y[tid + offset];
        }
        __syncthreads();
    }

    for (int offset = 16; offset > 0; offset >>= 1)
    {
        if (tid < offset)
        {
            s_y[tid] += s_y[tid + offset];
        }
        __syncwarp();
    }

    if (tid == 0)
    {
        atomicAdd(d_y, s_y[0]);
    }
}
```

也就是说，当 `offset >= 32` 时，我们在每一次折半求和后使用线程块同步函数 `__syncthreads()`；当 `offset <= 16` 时，我们在每一次折半求和后使用束内同步函数 `__syncwarp()`。可用如下命令编译使用单精度浮点数的版本：

```
$ nvcc -O3 -arch=sm_75 reduce.cu
```

相比第 9 章的核函数，该版本的核函数大概快了 10%。可见，束内同步函数 `__syncwarp()` 确实比线程块同步函数 `__syncthreads()` 高效。

在使用 `__syncwarp()` 和共享内存时，容易犯一个错误。为了展示这一点，我们尝试将上述核函数的第 19~26 行改写如下：

```
for (int offset = 16; offset > 0; offset >>= 1)
{
    s_y[tid] += s_y[tid + offset];
    __syncwarp();
}
```

这个写法是错误的。我们以 `offset = 16` 为例进行分析。考虑 `tid = 0` 和 `tid = 16` 的两个线程，它们分别涉及如下（并行的）计算：

```
    s_y[0] += s_y[16];
    s_y[16] += s_y[32];
```

也就是说，我们试图将 `s_y[16]` 累加到 `s_y[0]`，而同时又试图将 `s_y[32]` 累加到 `s_y[16]`。或者说，我们既要向 `s_y[16]` 写数据，又要同时从 `s_y[16]` 读数据，其次序是没有定义的。这将导致所谓的读–写竞争情形（race condition）。在我们的核函数 `reduce_syncwarp.cu` 中，上述两条语句中的第二句被循环内的判断 `if (tid < offset)` 排除了，故不会出现读–写竞争。如果想要在循环内去掉对线程号的约束，又要避免出现读–写竞争，可以将相关代码段改写如下：

```
real v = s_y[tid];
for (int offset = 16; offset > 0; offset >>= 1)
{
    v += s_y[tid + offset];
    __syncwarp();
    s_y[tid] = v;
    __syncwarp();
}
```

这样修改之后，我们可以保证语句

```
v += s_y[tid + offset];
```

总是在语句

```
s_y[tid] = v;
```

之前执行。当 offset = 16 时，能够保证先从 s_y[16] 读数据（由第 0 号线程操作），再向 s_y[16] 写数据（由第 16 号线程操作），虽然写入 s_y[16] 的数据将不再被使用。

10.3 更多线程束内的基本函数

10.3.1 介绍

在最近的几个 CUDA 版本中引入或更新了不少线程束内的基本函数，包括线程束表决函数（warp vote functions）、线程束匹配函数（warp match functions）、线程束洗牌函数（warp shuffle functions）及线程束矩阵函数（warp matrix functions）。其中，线程束匹配函数和线程束矩阵函数都只能在伏特及更高架构的 GPU 中使用。我们这里仅介绍线程束表决函数和线程束洗牌函数。这两类函数都是从开普勒架构开始就可以用的，但在 CUDA 9 版本中进行了更新。更新之后的线程束表决函数的原型如下：

```
unsigned __ballot_sync(unsigned mask, int predicate);
int __all_sync(unsigned mask, int predicate);
int __any_sync(unsigned mask, int predicate);
```

更新之后的 4 个线程束洗牌函数的原型如下：

```
T __shfl_sync(unsigned mask, T v, int srcLane, int w = warpSize);
T __shfl_up_sync(unsigned mask, T v, unsigned d, int w = warpSize);
T __shfl_down_sync(unsigned mask, T v, unsigned d, int w =
  warpSize);
T __shfl_xor_sync(unsigned mask, T v, int laneMask, int w =
  warpSize);
```

其中，类型 T 可以为整型（int）、长整型（long）、长长整型（long long）、无符号整型（unsigned）、无符号长整型（unsigned long）、无符号长长整型（unsigned long long）、单精度浮点型（float）及双精度浮点型（double）。每个线程束洗牌函数的最后一个参数 w 都是可选的，有默认值 warpSize，在当前所有架构的 GPU 中都是 32。参数 w 只能取 2、4、8、16、32 这 5 个整数中的一个。当 w 小于 32 时，就相当于（逻辑上的）线程束大小是 w，而不是 32，其他规则不变。对于一般的情况，可以定义一个"束内指标"（假设使用一维线程块）：

```
int lane_id = threadIdx.x % w;
```

赋值号右边的取模计算可以用更高效的按位与（bit-wise and）表示：

```
int lane_id = threadIdx.x & (w - 1);
```

但当 w 是常量时，编译器会自动优化该计算。假如线程块大小为 16，w 为 8，则一个线程块中各个线程的线程指标和束内指标有如下对应关系：

线程指标：　0 1 2 3 4 5 6 7 8 9 10 11 12 13 14 15

束内指标：　0 1 2 3 4 5 6 7 0 1 2 3 4 5 6 7

对于其他任何情况（任何线程块大小和任何 w 值），在使用线程束内的函数时都需要特别注意线程指标和束内指标的对应关系。

以上函数中的参数 mask 称为掩码，是一个无符号整数，具有 32 位。这 32 个二进制位从右边数起刚好对应线程束内的 32 个线程。该整数的 32 个二进制位要么是 0，要么是 1。例如，常量掩码

```
const unsigned FULL_MASK = 0xffffffff;
```

是 32 个二进制位都取 1 的无符号整数的十六进制表示。当然，该常量也可以用宏来定义：

```
#define FULL_MASK 0xffffffff
```

掩码用于指定将要参与计算的线程：当掩码中的一个二进制位为 1 时，代表对应的线程参与计算；当掩码中的一个二进制位为 0 时，代表忽略对应的线程。特别地，各种函数返回的结果对被掩码排除的线程来说是没有定义的。所以，不要尝试在这些被排除的线程中使用函数的返回值。

这些函数的功能如下。

(1) __ballot_sync(mask, predicate)：该函数返回一个无符号整数。如果线程束内第 n 个线程参与计算且 predicate 值非零，则将所返回无符号整数的第 n 个二进制位取为 1，否则取为 0。这里，参与的线程对应于 mask 中取 1 的比特位。该函数的功能相当于从一个旧的掩码出发，产生一个新的掩码。

(2) __all_sync(mask, predicate)：线程束内所有参与线程的 predicate 值都不为零才返回 1，否则返回 0。这里，参与的线程对应于 mask 中取 1 的比特位。该函数实现了一个“归约–广播”（reduction–and–broadcast）式计算。该函数类似于这样一种选举操作，即当所有参选人都同意时才通过。

(3) __any_sync(mask, predicate)：线程束内所有参与线程的 predicate 值有一个不为零就返回 1，否则返回 0。这里，参与的线程对应于 mask 中取 1 的比特位。该函数也实现了一个“归约–广播”式计算。该函数类似于这样一种选举操作，即只要有一个参选人同意就通过。

(4) __shfl_sync(mask, v, srcLane, w)：参与线程返回标号为 srcLane 的线程中变量 v 的值。这是一种广播式数据交换，即将一个线程中的数据广播到所有（包括自己）线程。

(5) __shfl_up_sync(mask, v, d, w)：标号为 t 的参与线程返回标号为 t - d 的线程中变量 v 的值。标号满足 t - d < 0 的线程返回原来的 v。例如，当 w = 8，

d = 2 时，该函数将第 0~5 号线程中变量 v 的值传送到第 2~7 号线程，而第 0~1 号线程返回它们原来的 v。形象地说，这是一种将数据向上平移的操作。

(6) __shfl_down_sync(mask, v, d, w)：标号为 t 的参与线程返回标号为 t + d 的线程中变量 v 的值。标号满足 t + d >= w 的线程返回原来的 v。例如，当 w = 8，d = 2 时，该函数将第 2~7 号线程中变量 v 的值传送到第 0~5 号线程，而第 6~7 号线程返回它们原来的 v。形象地说，这是一种将数据向下平移的操作。

(7) __shfl_xor_sync(mask, v, laneMask, w)：标号为 t 的参与线程返回标号为 t ^ laneMask 的线程中变量 v 的值。这里，t ^ laneMask 表示两个整数按位异或运算的结果。例如，当 w = 8，laneMask = 2 时，第 0~7 号线程的按位异或运算 t ^ laneMask 分别如下：

```
0 ^ 2 = 0000 ^ 0010 = 0010 = 2
1 ^ 2 = 0001 ^ 0010 = 0011 = 3
2 ^ 2 = 0010 ^ 0010 = 0000 = 0
3 ^ 2 = 0011 ^ 0010 = 0001 = 1
4 ^ 2 = 0100 ^ 0010 = 0110 = 6
5 ^ 2 = 0101 ^ 0010 = 0111 = 7
6 ^ 2 = 0110 ^ 0010 = 0100 = 4
7 ^ 2 = 0111 ^ 0010 = 0101 = 5
```

其他情形可类似地分析。读者也应该能从结果中总结出规律。该函数让线程束内的线程两两交换数据。

为了更进一步地理解这些函数，我们给出一个测试程序，见 Listing 10.2。该程序的输出如下：

```
threadIdx.x:  0  1  2  3  4  5  6  7  8  9 10 11 12 13 14 15
lane_id:      0  1  2  3  4  5  6  7  0  1  2  3  4  5  6  7
FULL_MASK = ffffffff
mask1     = fffe
mask2     = 1
all_sync (FULL_MASK): 0
all_sync     (mask1): 1
any_sync (FULL_MASK): 1
any_sync     (mask2): 0
shfl:       2  2  2  2  2  2  2  2 10 10 10 10 10 10 10 10
shfl_up:    0  0  1  2  3  4  5  6  8  8  9 10 11 12 13 14
shfl_down:  1  2  3  4  5  6  7  7  9 10 11 12 13 14 15 15
shfl_xor:   1  0  3  2  5  4  7  6  9  8 11 10 13 12 15 14
```

Listing 10.2 本章程序 warp.cu 中的全部内容

```
#include "error.cuh"
#include <stdio.h>

const unsigned WIDTH = 8;
const unsigned BLOCK_SIZE = 16;
const unsigned FULL_MASK = 0xffffffff;

void __global__ test_warp_primitives(void);

int main(int argc, char **argv)
{
    test_warp_primitives<<<1, BLOCK_SIZE>>>();
    CHECK(cudaDeviceSynchronize());
    return 0;
}

void __global__ test_warp_primitives(void)
{
    int tid = threadIdx.x;
    int lane_id = tid % WIDTH;

    if (tid == 0) printf("threadIdx.x: ");
    printf("%2d ", tid);
    if (tid == 0) printf("\n");

    if (tid == 0) printf("lane_id:     ");
    printf("%2d ", lane_id);
    if (tid == 0) printf("\n");

    unsigned mask1 = __ballot_sync(FULL_MASK, tid > 0);
    unsigned mask2 = __ballot_sync(FULL_MASK, tid == 0);
    if (tid == 0) printf("FULL_MASK = %x\n", FULL_MASK);
    if (tid == 1) printf("mask1     = %x\n", mask1);
    if (tid == 0) printf("mask2     = %x\n", mask2);

    int result = __all_sync(FULL_MASK, tid);
    if (tid == 0) printf("all_sync (FULL_MASK): %d\n", result);

    result = __all_sync(mask1, tid);
    if (tid == 1) printf("all_sync     (mask1): %d\n", result);

    result = __any_sync(FULL_MASK, tid);
```

```
43    if (tid == 0) printf("any_sync (FULL_MASK): %d\n", result);
44
45    result = __any_sync(mask2, tid);
46    if (tid == 0) printf("any_sync     (mask2): %d\n", result);
47
48    int value = __shfl_sync(FULL_MASK, tid, 2, WIDTH);
49    if (tid == 0) printf("shfl:      ");
50    printf("%2d ", value);
51    if (tid == 0) printf("\n");
52
53    value = __shfl_up_sync(FULL_MASK, tid, 1, WIDTH);
54    if (tid == 0) printf("shfl_up:   ");
55    printf("%2d ", value);
56    if (tid == 0) printf("\n");
57
58    value = __shfl_down_sync(FULL_MASK, tid, 1, WIDTH);
59    if (tid == 0) printf("shfl_down: ");
60    printf("%2d ", value);
61    if (tid == 0) printf("\n");
62
63    value = __shfl_xor_sync(FULL_MASK, tid, 1, WIDTH);
64    if (tid == 0) printf("shfl_xor:  ");
65    printf("%2d ", value);
66    if (tid == 0) printf("\n");
67 }
```

下面详细分析程序中的代码和对应的输出：

(1) 为了让输出的内容简单，我们选取了一个宽度为 8 的（逻辑上的）“线程束”和一个大小为 16 的线程块，如 Listing 10.2 中的第 4~5 行所示。

(2) 第 20 行定义了束内线程号 `lane_id`。

(3) 第 23 行向屏幕输出线程号 `tid`，对应程序输出的第 1 行：从 0~15 的 16 个数字。

(4) 第 27 行向屏幕输出线程束内线程号 `lane_id`，对应程序输出的第 2 行：前 8 个数是从 0~7，后 8 个数也是从 0~7。这就是说，我们将一个 16 线程的线程块分成了两部分，每部分在逻辑上表现为一个迷你版的“线程束”。

(5) 第 30~31 行调用 `__ballot_sync()` 函数从 `FULL_MASK` 出发计算 `mask1` 和 `mask2`，分别对应排除 0 号线程的掩码和仅保留 0 号线程的掩码。

(6) 第 32~34 行输出 3 个掩码的十六进制表示（对应程序输出的第 3~5 行）。

(7) 第 36 行调用 `__all_sync()` 函数，掩码为 `FULL_MASK`。因为不是每个线程

的 predicate 值（这里取的线程号）都非零，故该函数的返回值为 0（对应程序输出的第 6 行）。

(8) 第 39 行继续调用 __all_sync() 函数，掩码为 mask1，排除了第 0 号线程。因为每个参与线程的 predicate 值（这里取的线程号）都非零，故该函数的返回值为 1（对应程序输出的第 7 行）。

(9) 第 42 行调用 __any_sync() 函数，掩码为 FULL_MASK。因为不是每个线程的 predicate 值（这里取的线程号）都为零，故该函数的返回值为 1（对应程序输出的第 8 行）。

(10) 第 45 行继续调用 __any_sync() 函数，掩码为 mask2，只保留了第 0 号线程。因为该线程的 predicate 值（这里取的线程号）为零，故该函数的返回值为 0（对应程序输出的第 9 行）。

(11) 第 48 行调用 __shfl_sync() 函数，将第 2 号线程的值广播到第 0~7 号线程，将第 10 号线程的值广播到第 8~15 号线程（对应程序输出的第 10 行）。也就是说，线程束洗牌函数是独立地作用在各个迷你版的“线程束”中的。

(12) 第 53 行调用 __shfl_up_sync() 函数，将第 0~6 号线程中的数据平移到第 1~7 号线程，将第 8~14 号线程中的数据平移到第 9~15 号线程。第 0 号和第 8 号线程返回原来的输入值（对应程序输出的第 11 行）。

(13) 第 58 行调用 __shfl_down_sync() 函数，将第 1~7 号线程中的数据平移到第 0~6 号线程，将第 9~15 号线程中的数据平移到第 8~14 号线程。第 7 号和第 15 号线程返回原来的输入值（对应程序输出的第 12 行）。

(14) 第 63 行调用 __shfl_xor_sync() 函数。其中，第三个参数 1 的二进制表示为 0001。它与线程号 0~7 做按位异或计算，效果是将相邻的两个线程号交换（请读者验证）；它与线程号 8~15 做按位异或计算，效果也是将相邻的两个线程号交换。所以，得到第 13 行的程序输出。

最后要注意的是，虽然这里涉及归约计算，但我们不需要在任何地方明显地使用同步函数，如 __syncwarp()。这是因为，这里所有的线程束内的基本函数（都以 _sync() 结尾）都具有隐式的同步功能。从伏特架构开始，在使用这些函数时必须使用由 CUDA 9 引入的新版本，不要再使用原来的没有 _sync() 的版本。

10.3.2 利用线程束洗牌函数进行归约计算

我们可以利用线程束洗牌函数进行归约计算。回顾我们介绍的几个线程束洗牌函数，其中函数 __shfl_down_sync() 的作用是将高线程号的数据平移到低线程号中，这正是在我们的归约问题中需要的操作。Listing 10.3 给出了利用该函数进行归约计算的核函数 reduce_shfl()。

Listing 10.3　本章程序 reduce.cu 中使用线程束洗牌函数进行归约的核函数

```
1  void __global__ reduce_shfl(const real *d_x, real *d_y, const int N)
2  {
3      const int tid = threadIdx.x;
4      const int bid = blockIdx.x;
5      const int n = bid * blockDim.x + tid;
6      extern __shared__ real s_y[];
7      s_y[tid] = (n < N) ? d_x[n] : 0.0;
8      __syncthreads();
9
10     for (int offset = blockDim.x >> 1; offset >= 32; offset >>= 1)
11     {
12         if (tid < offset)
13         {
14             s_y[tid] += s_y[tid + offset];
15         }
16         __syncthreads();
17     }
18
19     real y = s_y[tid];
20
21     for (int offset = 16; offset > 0; offset >>= 1)
22     {
23         y += __shfl_down_sync(FULL_MASK, y, offset);
24     }
25
26     if (tid == 0)
27     {
28         atomicAdd(d_y, y);
29     }
30 }
```

相比之前的版本，我们发现两处不同。第一，在进行线程束内的循环之前，这里将共享内存中的数据复制到了寄存器。在线程束内使用洗牌函数进行归约时，不再需要明显地使用共享内存。因为寄存器一般来说比共享内存更高效，所以能用寄存器就当然用寄存器了。第二，用语句

```
y += __shfl_down_sync(FULL_MASK, y, offset);
```

替换了语句块

```
if (tid < offset)
{
```

```
        s_y[tid] += s_y[tid + offset];
    }
    __syncwarp();
```

也就是说，去掉了同步函数，也去掉了对线程号的限制，因为洗牌函数能够自动处理同步与读-写竞争问题。对全部参与的线程来说，上述洗牌函数总是先读取各个线程中 y 的值，再将洗牌操作的结果写入各个线程中的 y。另外，请读者仔细体会以上用洗牌函数与不用洗牌函数的版本在结果上的等价性。实际上，在我们的归约问题中，将 `__shfl_down_sync()` 换成 `__shfl_xor_sync()`，效果是一样的。关于这一点，也请读者仔细体会。继续在 GeForce RTX 2070 中测试，结果显示使用线程束洗牌函数的核函数相对于使用束内同步函数的核函数有 20% 的性能提升。

10.4 协作组

通过本章前面的学习，我们知道，在有些并行算法中，需要若干线程间的协作。要协作，就必须要有同步机制。协作组（cooperative groups）可以看作线程块和线程束同步机制的推广，它提供了更为灵活的线程协作方式，包括线程块内部的同步与协作、线程块之间的（网格级的）同步与协作及设备之间的同步与协作。由于本书不涉及多 GPU 编程，故不讨论设备之间的协作组功能。目前，网格级的协作组功能非常有限，而且使用中有很多限制，故也不讨论。本节我们仅讲解线程块级的协作组。协作组在 CUDA 9 才被引入，但关于线程块级的协作组功能可以用于开普勒及以上的架构，而其他级别的协作组功能需要帕斯卡及以上的架构才能使用。

使用协作组的功能时需要在相关源文件包含如下头文件：

```
#include <cooperative_groups.h>
```

除此以外，还要注意所有与协作组相关的数据类型和函数都定义在命名空间（namespace）`cooperative_groups` 下。可以用如下语句导入该命名空间中的内容：

```
using namespace cooperative_groups;
```

也可以给该命名空间起一个较短的别名：

```
namespace cg = cooperative_groups;
```

为排版简洁起见，我们用前者。

10.4.1 线程块级别的协作组

协作组编程模型中最基本的类型是线程组 `thread_group`。该类型有如下成员：

(1) `void sync()`：该函数能同步组内所有线程。

(2) `unsigned size()`：该函数返回组内总的线程数目，即组的大小。

(3) unsigned thread_rank()：该函数返回当前调用该函数的线程在组内的标号（从 0 开始计数）。

(4) bool is_valid()：该函数返回一个逻辑值，如果定义的组违反了任何 CUDA 的限制，则为假，否则为真。

线程组类型有一个称为线程块 thread_block 的导出类型，在该类型中提供了两个额外的函数：

(1) dim3 group_index()：该函数返回当前调用该函数的线程的线程块指标，等价于 blockIdx。

(2) dim3 thread_index()：该函数返回当前调用该函数的线程的线程指标，等价于 threadIdx。

可以用如下方式定义并初始化一个 thread_block 对象：

```
thread_block g = this_thread_block();
```

其中，this_thread_block() 相当于一个线程块类型的常量。这样定义的 g 就代表我们已经非常熟悉的线程块，只不过这里把它包装成了一个类型。例如，g.sync() 完全等价于 __syncthreads()，g.group_index() 完全等价于 CUDA 中的内建变量 blockIdx，g.thread_index() 完全等价于 CUDA 中的内建变量 threadIdx。

可以用函数 tiled_partition() 将一个线程块划分为若干片（tile），每一片构成一个新的线程组。目前，仅仅可以将片的大小设置为 2 的正整数次方且不大于 32，也就是 2、4、8、16 和 32（和线程束洗牌函数的最后一个参数类似）。例如，如下语句通过函数 tiled_partition() 将一个线程块分割为我们熟知的线程束：

```
thread_group g32 = tiled_partition(this_thread_block(), 32);
```

我们还可以将该线程组分割为更细的线程组。如下语句将每个线程束再分割为包含 4 个线程的线程组：

```
thread_group g4 = tiled_partition(g32, 4);
```

当这种线程组的大小在编译期间就已知时，可以用如下模板化的版本（可能更加高效）进行定义：

```
thread_block_tile<32> g32=tiled_partition<32>(this_thread_block());
thread_block_tile<4> g4 = tiled_partition<4>(this_thread_block());
```

这样定义的线程组一般称为线程块片（thread block tile）。线程块片还额外地定义了如下函数（类似于线程束内的基本函数）：

```
unsigned __ballot_sync(int predicate);
int __all_sync(int predicate);
int __any_sync(int predicate);
T __shfl_sync(T v, int srcLane);
T __shfl_up_sync(T v, unsigned d);
```

```
T __shfl_down_sync(T v, unsigned d);
T __shfl_xor_sync(T v, int laneMask);
```

相比 10.3 节普通的线程束内的基本函数，线程块片的函数有两点不同。第一，线程块片的函数少了第一个代表掩码的参数，因为线程组内的所有线程都必须参与相关函数的运算；第二，线程块片的洗牌函数（上述函数中的后 4 个）少了最后一个代表宽度的参数，因为该宽度就是线程块片的大小，即定义线程块片的模板参数。

10.4.2 利用协作组进行归约计算

既然线程块片类型中也有洗牌函数，显然也可以利用线程块片来进行数组归约的计算。只需要对前一版本的归约核函数 `reduce_shfl()` 稍做修改，即可写出使用协作组的归约核函数 `reduce_cp()`，见 Listing 10.4。

Listing 10.4 本章程序 reduce.cu 中使用协作组进行数组归约计算的核函数

```
1  void __global__ reduce_cp(const real *d_x, real *d_y, const int N)
2  {
3      const int tid = threadIdx.x;
4      const int bid = blockIdx.x;
5      const int n = bid * blockDim.x + tid;
6      extern __shared__ real s_y[];
7      s_y[tid] = (n < N) ? d_x[n] : 0.0;
8      __syncthreads();
9
10     for (int offset = blockDim.x >> 1; offset >= 32; offset >>= 1)
11     {
12         if (tid < offset)
13         {
14             s_y[tid] += s_y[tid + offset];
15         }
16         __syncthreads();
17     }
18
19     real y = s_y[tid];
20
21     thread_block_tile<32> g = tiled_partition<32>(this_thread_block())
           ;
22     for (int i = g.size() >> 1; i > 0; i >>= 1)
23     {
24         y += g.shfl_down(y, i);
25     }
26
27     if (tid == 0)
```

```
28        {
29            atomicAdd(d_y, y);
30        }
31    }
```

在第 21 行，我们定义了一个线程块片类型的变量 g，将整个线程块分割成了若干线程束。注意：这里必须使用带有模板参数的线程块片类型，因为普通的线程组是没有洗牌函数的。在其下的循环条件中，就使用了成员 g.size 来表示线程块片的大小。在循环体中，使用了函数 g.shfl_down() 来进行归约。这里，将该函数换成 g.shfl_xor() 也能得到一样的效果。使用协作组的核函数和使用线程束洗牌函数的核函数具有等价的执行效率。

到目前为止，我们所有的 GPU 版本在结果上都等价，其中最快的版本相对于 CPU 版本已经有 40 倍的加速。在 10.5 节，我们将看到，数组归约计算的准确性和性能都还可以进一步提高。

10.5　数组归约程序的进一步优化

10.5.1　提高线程利用率

我们注意到，在 Listing 10.4 的数组归约核函数中，线程的利用率并不高。因为我们使用大小为 128 的线程块，所以当 offset 等于 64 时，只用了 1/2 的线程进行计算，其余线程闲置。当 offset 等于 32 时，只用了 1/4 的线程进行计算，其余线程闲置。最终，当 offset 等于 1 时，只用了 1/128 的线程进行计算，其余线程闲置。归约过程一共用了 $\log_2 128 = 7$ 步，故归约过程中线程的平均利用率只有 $(1/2 + 1/4 + \cdots)/7 \approx 1/7$。

相比之下，在归约之前，将全局内存中的数据复制到共享内存的操作（见第 7 行）对线程的利用率是 100% 的。据此得到一个想法：如果能够提高归约之前所做计算的比例，则应该可以从整体上提升对线程的利用率。在上一个版本，共享内存数组中的每一个元素（注意：不同的线程块有不同的共享内存变量副本）仅仅保存了一个全局内存数组的数据。为了提高归约之前所做计算的比例，我们可以在归约之前将多个全局内存数组的数据累加到一个共享内存数组的一个元素中。

为了做到这一点，我们可以让每个线程处理若干个数据。这里要注意的是，千万不要让一个线程处理相邻的若干数据，因为这必然导致全局内存的非合并访问。要保证全局内存的合并访问，在我们的问题中必须让相邻的线程访问相邻的数据，而同一个线程所访问的数据之间必然具有某种跨度。该跨度可以是一个线程块的线程数，也可以是整个网格的线程数，对于一维的情形，分别是 blockDim.x 和 blockDim.x * gridDim.x。我们这里介绍跨度为整个网格的做法（读者可思考跨度为一个线程块时如何编程）。采用该方法，可将上述核函数改写，见 Listing 10.5。核

Listing 10.5 本章程序 reduce1parallelism.cu 中使用的归约核函数

```
1  void __global__ reduce_cp(const real *d_x, real *d_y, const int N)
2  {
3      const int tid = threadIdx.x;
4      const int bid = blockIdx.x;
5      extern __shared__ real s_y[];
6
7      real y = 0.0;
8      const int stride = blockDim.x * gridDim.x;
9      for (int n = bid * blockDim.x + tid; n < N; n += stride)
10     {
11         y += d_x[n];
12     }
13     s_y[tid] = y;
14     __syncthreads();
15
16     for (int offset = blockDim.x >> 1; offset >= 32; offset >>= 1)
17     {
18         if (tid < offset)
19         {
20             s_y[tid] += s_y[tid + offset];
21         }
22         __syncthreads();
23     }
24
25     y = s_y[tid];
26
27     thread_block_tile<32>g=tiled_partition<32>(this_thread_block());
28     for (int i = g.size() >> 1; i > 0; i >>= 1)
29     {
30         y += g.shfl_down(y, i);
31     }
32
33     if (tid == 0)
34     {
35         d_y[bid] = y;
36     }
37 }
```

函数中第 8 行定义的常数 stride 就是我们上面所说的“跨度”。第 9 行的循环条件体现了该跨度。第 7 行定义了一个寄存器变量 y，用来在循环体中对读取的全局内存数据进行累加，见第 11 行。也可以在共享内存中进行累加，但使用寄存器更为高效。当然，在归约之前，必须将寄存器中的数据复制到共享内存，见第 13 行。

细心的读者应该注意到，我们将原来程序中的 atomicAdd(d_y, y) 改成了现在的 d_y[bid] = y（第 35 行）。回顾一下，我们之前用原子函数的目的是在归约结束后，将每个线程块中的部分和累加起来得到最终的和，避免将这些部分和数据从设备复制到主机。本章的归约核函数非常灵活，可以在不使用原子函数的情况下通过对其调用两次方便地得到最终的结果。当然，这里依然可以用原子函数，但我们在后面将会看到，用两个核函数可获得更加精确的结果。

Listing 10.6 给出了一个调用该核函数的包装函数，它返回最终的计算结果。这里，我们将 GRID_SIZE 取为 10240，将 BLOCK_SIZE 取为 128。在第 10 行，调用核函数将长一些的数组 d_x 归约到短一些的数组 d_y 时，我们使用执行配置 <<<GRID_SIZE, BLOCK_SIZE>>>。当数据量为 N = 100000000 时，在归约前每个线程将先累加几十个数据（核函数的第 11 行）。如果将 GRID_SIZE 取为 N/128，那就和前几章的情形无异。在 第 11 行，再次调用同一个核函数将数组 d_y 归约到最终结果（我们就将它保存在 d_y[0]）时，我们仅使用一个线程块，但将线程块大小设置为所允许的最大值，即 1024。

Listing 10.6　本章程序 reduce1parallelism.cu　中归约核函数的包装函数

```
1  real reduce(const real *d_x)
2  {
3      const int ymem = sizeof(real) * GRID_SIZE;
4      const int smem = sizeof(real) * BLOCK_SIZE;
5  
6      real h_y[1] = {0};
7      real *d_y;
8      CHECK(cudaMalloc(&d_y, ymem));
9  
10     reduce_cp<<<GRID_SIZE, BLOCK_SIZE, smem>>>(d_x, d_y, N);
11     reduce_cp<<<1, 1024, sizeof(real) * 1024>>>(d_y, d_y, GRID_SIZE);
12 
13     CHECK(cudaMemcpy(h_y, d_y, sizeof(real), cudaMemcpyDeviceToHost));
14     CHECK(cudaFree(d_y));
15 
16     return h_y[0];
17 }
```

继续在 GeForce RTX 2070 中测试（使用单精度浮点数），包装函数的计算时间约为 2.0 ms，相比之前的最优版本有了 40% 的性能提升。更重要的是，该程序归约的结果为 123000064.0，相对于精确结果（123000000.0）有 7 位准确的有效数字。相比之下，之前使用原子函数时所得到的结果（123633392.0）仅有 3 位准确的有效数字。这是因为，在使用两个核函数时，将数组 d_y 归约到最终结果的计算也使用了折半求和，比直接累加（使用原子函数或复制到主机再累加的情形）要稳健。

10.5.2 避免反复分配与释放设备内存

在上面的包装函数 reduce() 中，我们需要为数组 d_y 分配与释放设备内存。实际上，设备内存的分配与释放是比较耗时的。一种优化方案是使用静态全局内存代替这里的动态全局内存，因为静态内存是编译期间就会分配好的，不会在运行程序时反复地分配，故比动态内存分配高效很多。回顾第 6 章的内容，我们知道，可以用如下语句在函数外部定义我们需要的静态全局内存变量：

```
__device__ real static_y[GRID_SIZE];
```

我们可以直接在核函数中使用该变量，但这需要改变核函数代码。如果不想改变核函数代码，可以利用运行时 API 函数 cudaGetSymbolAddress() 获得一个指向该静态全局内存的指针，供核函数使用。

Listing 10.7 给出了使用该方案的包装函数。第 3 行定义了一个指针 d_y，第 4 行利用函数 cudaGetSymbolAddress() 将该指针与静态全局变量 static_y 联系起来。该函数的原型如下：

Listing 10.7 本章程序 reduce2static.cu 中归约核函数的包装函数

```
1   real reduce(const real *d_x)
2   {
3       real *d_y;
4       CHECK(cudaGetSymbolAddress((void**)&d_y, static_y));
5
6       const int smem = sizeof(real) * BLOCK_SIZE;
7
8       reduce_cp<<<GRID_SIZE, BLOCK_SIZE, smem>>>(d_x, d_y, N);
9       reduce_cp<<<1, 1024, sizeof(real) * 1024>>>(d_y, d_y, GRID_SIZE);
10
11      real h_y[1] = {0};
12      CHECK(cudaMemcpy(h_y, d_y, sizeof(real), cudaMemcpyDeviceToHost));
13
14      return h_y[0];
15  }
```

```
cudaError_t cudaGetSymbolAddress(void **devPtr, const void
   *symbol);
```

这里的 symbol 参数可以是静态全局内存（用 __device__ 定义）或者常量内存（用 __constant__ 定义）的变量名。

通过函数 cudaGetSymbolAddress() 获得的设备指针可以像其他设备指针一样使用。除可以将该指针传入核函数外，还可以利用它进行主机和设备之间的数据传输，见第 12 行。这样修改之后，归约函数的计算时间从约 2.0 ms 缩减到约 1.5 ms。该测试结果说明全局内存变量的动态分配确实比较耗时。总之，除在适当的情况下使用静态全局内存替换动态全局内存外，还要尽量避免在较内层循环反复地分配与释放设备内存。

表 10.1 总结了本书讨论过的各种数组归约程序的计算结果、计算时间、相对于前一个版本的加速比和相对于 CPU 版本的累积加速比。

表 10.1　数组归约问题（数组长度为 10^8）在 CPU 和 GeForce RTX 2070 GPU 中的计算性能和结果（使用单精度浮点数）

机器和方法	计算结果	计算时间/ms	单次加速比	累积加速比
CPU（循环累加）	33554432.0	100	1	1
GPU（只用全局内存）	123633392.0	5.8	17	17
GPU（使用静态共享内存）	123633392.0	5.8	1	17
GPU（使用动态共享内存）	123633392.0	5.8	1	17
GPU（使用原子函数）	123633392.0	3.8	1.5	26
GPU（使用束内同步函数）	123633392.0	3.4	1.1	29
GPU（使用洗牌函数）	123633392.0	2.8	1.2	36
GPU（使用协作组）	123633392.0	2.8	1	36
GPU （增大线程利用率）	123000064.0	2.0	1.4	50
GPU （使用静态全局内存）	123000064.0	1.5	1.3	67

注：计算的精确结果为 123000000.0。

第11章

CUDA 流

CUDA 程序的并行层次主要有两个，一个是核函数内部的并行，一个是核函数外部的并行。我们之前讨论的都是核函数内部的并行。核函数外部的并行主要指：

(1) 核函数计算与数据传输之间的并行。

(2) 主机计算与数据传输之间的并行。

(3) 不同的数据传输（回顾一下 `cudaMemcpy` 函数中的第四个参数）之间的并行。

(4) 核函数计算与主机计算之间的并行。

(5) 不同核函数之间的并行。

一般来说，核函数外部的并行不是开发 CUDA 程序时考虑的重点。我们前面强调过，要获得较高的加速比，需要尽量减少主机与设备之间的数据传输及主机中的计算，尽量在设备中完成所有计算。如果做到了这一点，上述前 4 种核函数外部的并行就显得不那么重要了。另外，如果单个核函数的并行规模已经足够大，在同一个设备中同时运行多个核函数也不会带来太多性能提升，上述第五种核函数外部的并行也将不重要。不过，对有些应用，核函数外部的并行还是比较重要的。为了实现这种并行，需要合理地使用 CUDA 流（CUDA stream）。本章介绍 CUDA 流，并讨论一些核函数外部并行的例子。

11.1 CUDA 流概述

一个 CUDA 流指的是由主机发出的在一个设备中执行的 CUDA 操作（即和 CUDA 有关的操作，如主机–设备数据传输和核函数执行）序列。除主机端发出的流外，还有设备端发出的流，但本书不考虑后者。一个 CUDA 流中各个操作的次序是由主机控制的，按照主机发布的次序执行。然而，来自于两个不同 CUDA 流中的操作不一定按照某个次序执行，而有可能并发或交错地执行。

任何 CUDA 操作都存在于某个 CUDA 流中，要么是默认流（default stream），也称为空流（null stream），要么是明确指定的非空流。在之前的章节中，我们没有明确地指定 CUDA 流，所有的 CUDA 操作都是在默认的空流中执行的。

非默认的 CUDA 流（也称为非空流）是在主机端产生与销毁的。一个 CUDA 流由类型为 cudaStream_t 的变量表示，它可由如下 CUDA 运行时 API 函数产生：

```
cudaError_t cudaStreamCreate(cudaStream_t*);
```

该函数的输入参数是 cudaStream_t 类型的指针，返回一个错误代号。CUDA 流可由如下 CUDA 运行时 API 函数销毁：

```
cudaError_t cudaStreamDestroy(cudaStream_t);
```

该函数的输入参数是 cudaStream_t 类型的变量，返回一个错误代号。下面的代码段展示了一个名为 stream_1 的 CUDA 流的定义、产生与销毁：

```
cudaStream_t stream_1;
cudaStreamCreate(&stream_1); // 注意要传流的地址
cudaStreamDestroy(stream_1);
```

为了实现不同 CUDA 流之间的并发，主机在向某个 CUDA 流中发布一系列命令之后必须马上获得程序的控制权，不用等待该 CUDA 流中的命令在设备中执行完毕。这样，就可以通过主机产生多个相互独立的 CUDA 流。至于主机是如何在向某个 CUDA 流中发布一系列命令之后马上获得程序控制权的，将在后续几个小节进一步讨论。也可以考虑用多个主机线程操控多个 CUDA 流，但本书不涉及主机端的多线程编程问题。

为了检查一个 CUDA 流中的所有操作是否都在设备中执行完毕，CUDA 运行时 API 提供了如下两个函数：

```
cudaError_t cudaStreamSynchronize(cudaStream_t stream);
cudaError_t cudaStreamQuery(cudaStream_t stream);
```

函数 cudaStreamSynchronize() 会强制阻塞主机，直到 CUDA 流 stream 中的所有操作都执行完毕。函数 cudaStreamQuery() 不会阻塞主机，只是检查 CUDA 流 stream 中的所有操作是否都执行完毕。若是，返回 cudaSuccess，否则返回 cudaErrorNotReady。

11.2 在默认流中重叠主机和设备计算

虽然同一个 CUDA 流中的所有 CUDA 操作都是顺序执行的，但依然可以在默认流中重叠主机和设备的计算。下面让我们通过数组相加的例子进行讨论。

在数组相加的 CUDA 程序中与 CUDA 操作有关的语句如下：

```
cudaMemcpy(d_x, h_x, M, cudaMemcpyHostToDevice);
cudaMemcpy(d_y, h_y, M, cudaMemcpyHostToDevice);
```

```
sum<<<grid_size, block_size>>>(d_x, d_y, d_z, N);
cudaMemcpy(h_z, d_z, M, cudaMemcpyDeviceToHost);
```

从设备的角度来看，以上 4 个 CUDA 操作语句将在默认的 CUDA 流中按代码出现的顺序依次执行。从主机的角度来看，数据传输是同步的（synchronous），或者说是阻塞的（blocking），意思是主机发出命令

```
cudaMemcpy(d_x, h_x, M, cudaMemcpyHostToDevice);
```

之后，会等待该命令执行完毕，再往前走。在进行数据传输时，主机是闲置的，不能进行其他操作。不同的是，核函数的启动是异步的（asynchronous），或者说是非阻塞的（non-blocking），意思是主机发出命令

```
sum<<<grid_size, block_size>>>(d_x, d_y, d_z, N);
```

之后，不会等待该命令执行完毕，而会立刻得到程序的控制权。主机紧接着会发出从设备到主机传输数据的命令

```
cudaMemcpy(h_z, d_z, M, cudaMemcpyDeviceToHost);
```

然而，该命令不会被立即执行，因为这是默认流中的 CUDA 操作，必须等待前一个 CUDA 操作（即核函数的调用）执行完毕才会开始执行。

根据上述分析可知，主机在发出核函数调用的命令之后，会立刻发出下一个命令。在上面的例子中，下一个命令是进行数据传输，但从设备的角度来看必须等待核函数执行完毕。如果下一个命令是主机中的某个计算任务，那么主机就会在设备执行核函数的同时去进行一些计算。这样，主机和设备就可以同时进行计算。设备完全不知道在它执行核函数时，主机偷偷地做了些计算。

Listing 11.1 展示了如何在默认流中重叠主机和设备的计算。该程序由数组相加的程序修改而成。在 `timing()` 函数中，当选择条件 `overlap` 为真时，将在调用核函数之后调用一个主机端的函数。当选择条件 `overlap` 为假时，将在调用核函数之前调用主机端的函数。

我们使用 Tesla K40 进行测试。采用单精度浮点数，在数据量一样时核函数 `gpu_sum` 比主机端函数 `cpu_sum` 约快 10 倍。所以，我们首先故意将主机端函数所处理的数据量设置为设备端函数所处理的数据量的 1/10，使得上述代码中设备端和主机端函数的执行时间差不多。测试结果显示，当条件 `overlap` 为真时，主机与设备函数的执行时间之和为 7.8 ms；当条件 `overlap` 为假时，主机与设备函数的执行时间之和为 14.2 ms。该测试说明，当主机和设备函数的计算量相当时，将主机函数放在设备函数之后可以达到主机函数与设备函数并发执行的效果，从而有效地隐藏主机函数的执行时间，提升整个程序的性能。在主机函数与设备函数计算时间相当的情况下，可以获得接近 2 倍的加速比。所以，当一个主机函数与一个设备函数的计算相互独立时，应该将主机函数的调用放置在核函数的调用之后，而不是之前。

Listing 11.1　本章程序 host-kernel.cu 的部分内容

```
void cpu_sum(const real *x, const real *y, real *z, const int N_host)
{
    for (int n = 0; n < N_host; ++n)
    {
        z[n] = x[n] + y[n];
    }
}

void __global__ gpu_sum(const real *x, const real *y, real *z)
{
    const int n = blockDim.x * blockIdx.x + threadIdx.x;
    if (n < N)
    {
        z[n] = x[n] + y[n];
    }
}

void timing
(
    const real *h_x, const real *h_y, real *h_z,
    const real *d_x, const real *d_y, real *d_z,
    const int ratio, bool overlap
)
{
    //一些与计时相关的代码
        if (!overlap)
        {
            cpu_sum(h_x, h_y, h_z, N / ratio);
        }

        gpu_sum<<<grid_size, block_size>>>(d_x, d_y, d_z);

        if (overlap)
        {
            cpu_sum(h_x, h_y, h_z, N / ratio);
        }
    //一些与计时相关的代码
}
```

然而，当主机函数与设备函数的计算时间相差很多的极端情况下，加速效果就差了。我们尝试将主机函数所处理的数组长度增加 10 倍（与设备函数所处理的数组一样长）。当条件 overlap 为真时，主机与设备函数的执行时间之和为 74 ms；当条件 overlap 为假时，主机与设备函数的执行时间之和为 81 ms。此时，主机函数的执行时间占主导，使得主机函数与设备函数的并发部分仅占很小的比例，加速效果不明显。另一个极端情况是主机函数所处理的数据量很小，如为设备函数所处理数据量的 1/1000。当条件 overlap 为真时，主机函数与设备函数的执行时间之和为 6.4 ms；当条件 overlap 为假时，主机函数与设备函数的执行时间之和为 6.5 ms。此时，设备函数的执行时间占主导，使得主机函数与设备函数的并发部分所占比例也很小，同样得不到明显的加速。

11.3 用非默认 CUDA 流重叠多个核函数的执行

虽然在一个默认流中就可以实现主机计算和设备计算的并行，但是要实现多个核函数之间的并行必须使用多个 CUDA 流。这是因为，同一个 CUDA 流中的 CUDA 操作在设备中是顺序执行的，故同一个 CUDA 流中的核函数也必须在设备中顺序执行，虽然主机在发出每一个核函数调用的命令后都立刻重新获得程序控制权。

11.3.1 核函数执行配置中的流参数

在使用的多个 CUDA 流中，其中一个可以是默认流。此时，各个流之间并不完全独立，我们不讨论这种情况。我们仅讨论使用多个非默认流的情况。使用非默认流时，核函数的执行配置中必须包含一个流对象。一个名为 my_kernel() 的核函数只能用如下 3 种调用方式之一：

```
my_kernel<<<N_grid, N_block>>>(函数参数);
my_kernel<<<N_grid, N_block, N_shared>>>(函数参数);
my_kernel<<<N_grid, N_block, N_shared, stream_id>>>(函数参数);
```

其中：

(1) N_grid 是网格大小，最一般的情形是一个 dim3 结构体类型的变量，简单情况下可以是一个整数。

(2) N_block 是线程块大小，最一般的情形是一个 dim3 结构体类型的变量，简单情况下可以是一个整数。

(3) N_shared 是核函数中使用的动态共享内存的字节数。

(4) stream_id 是 CUDA 流的编号。

如果用第一种调用方式，说明核函数没有使用动态共享内存，而且在默认流中执行；如果用第二种调用方式，说明核函数在默认流中执行，但使用了 N_shared

字节的动态共享内存；如果用第三种调用方式，则说明核函数在编号为 stream_id 的 CUDA 流中执行，而且使用了 N_shared 字节的动态共享内存。在使用非空流但不使用动态共享内存的情况下，必须使用上述第三种调用方式，并将 N_shared 设置为零：

```
my_kernel<<<N_grid, N_block, 0, stream_id>>>(函数参数); // 正确
```

不能用如下调用方式：

```
my_kernel<<<N_grid, N_block, stream_id>>>(函数参数); // 错误
```

11.3.2 重叠多个核函数的例子

Listing 11.2 展示了如何使用非默认流重叠多个核函数执行。该程序使用了若

Listing 11.2　本章程序 kernel-kernel.cu 的部分内容

```
1  void __global__ add(const real *d_x, const real *d_y, real *d_z)
2  {
3      const int n = blockDim.x * blockIdx.x + threadIdx.x;
4      if (n < N1)
5      {
6          for (int i = 0; i < 1000000; ++i)
7          {
8              d_z[n] = d_x[n] + d_y[n];
9          }
10     }
11 }
12 
13 void timing (const real *d_x, const real *d_y, real *d_z, const int
       num)
14 {
15     //一些与计时相关的代码
16 
17         for (int n = 0; n < num; ++n)
18         {
19             int offset = n * N1;
20             add<<<grid_size, block_size, 0, streams[n]>>>
21             (d_x + offset, d_y + offset, d_z + offset);
22         }
23 
24     //一些与计时相关的代码
25 }
```

干 CUDA 流，存放在一个数组 `streams[]` 中，在程序的开头定义。这些 CUDA 流的产生与销毁都在主函数中执行，请读者参阅本章程序 `kernel-kernel.cu`。我们这里仅关注与核函数并发执行有关的代码。

第 17~22 行依次在各个 CUDA 流中启动核函数 `add()`，每个核函数处理不同的 `N1` 个数据。在非默认流中调用核函数需要指定 CUDA 流的变量。该变量是执行配置的第四个参数，前 3 个分别是网格大小、线程块大小及动态共享内存的数量。在本例中，核函数使用的动态共享内存数量为零。这里，每个流启动同样的核函数。每个核函数使用 `N1` 个线程。为了计时方便，核函数中故意做了 10^6 次加法运算。

我们用 Tesla K40 进行测试。图 11.1（a）展示了当 `N1 = 1024` 时所有流中的核函数执行完毕需要的时间随 CUDA 流数量的变化关系。随着 CUDA 流数量的增多，总的计算任务量（核函数的个数）也成比例地增多，但总的时间一开始并没有成比例地增多。这就说明，使用多个流相对于使用一个流有了加速。这个加速比可以定义为在同样的任务量下使用单个流所用时间与使用多个流所用时间之比，见图 11.1（b）。由图 11.1（b）可知，当流的数目超过 15 时，加速比就接近饱和了。Tesla K40 有 15 个 SM，而每个 SM 理论上可常驻 2048 个线程，那么理论上可以支持 30 个核函数的并发。但从我们的测试结果来看，似乎一个核函数就占用了一个 SM。这也许是理论值与实际值的差别。无论如何，这里的测试说明，利用 CUDA 流并发多个核函数可以提升 GPU 硬件的利用率，减少闲置的 SM，从而从整体上获得性能提升。

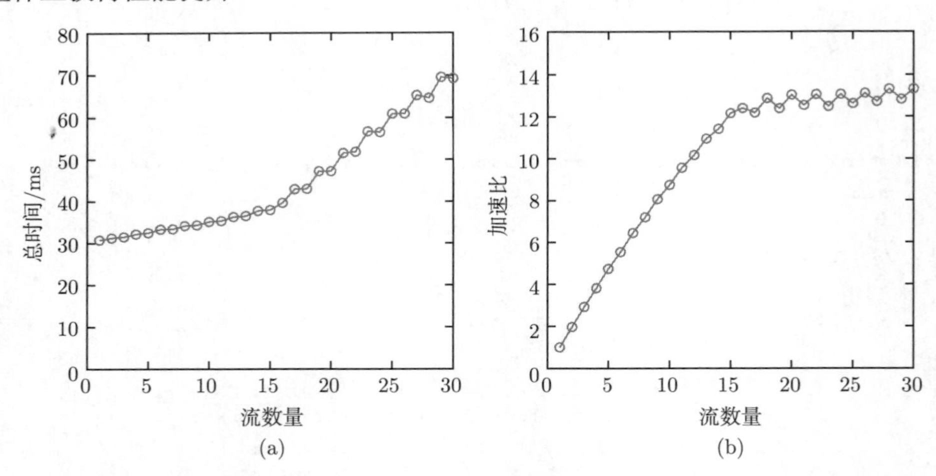

图 11.1 用 Tesla K40 测试 CUDA 流中核函数的执行情况与加速比

（a）所有流中的核函数执行完毕需要的时间随 CUDA 流数量的变化关系；

（b）使用 CUDA 流带来的加速比

（请扫II页二维码看彩图）

在上述测试中，制约加速比的因素是 GPU 的计算资源，当所有 CUDA 流中对应核函数的线程数的总和超过某一个值时，再增加流的数目就不会带来更高的加速比了。在使用 CUDA 流的程序中，还有另外一个制约加速比的因素，即单个 GPU 中能够并发执行的核函数个数的上限。该上限在不同的 GPU 架构中有不同的值。具体地说，在计算能力为 3.0、3.2、3.5、3.7、5.0、5.2、5.3、6.0、6.1、6.2、7.0 和 7.5 的 GPU 中，该上限的值分别为 16、4、32、32、32、32、16、128、32、16、128 和 128，感觉没有什么规律。如果将 `N1 = 1024` 改成 128，继续在 Tesla K40 中测试，可得到如图 11.2 所示的结果。该图说明，在使用 32 个 CUDA 流时，程序的性能达到最高，继续增加 CUDA 流的个数，反而可能降低程序性能。在该问题中，这是由计算能力为 3.5 的 GPU 架构所能支持的最大核函数并发数目（32）所决定的，而不是由 GPU 中的计算资源所决定的。如果用 Tesla P100 或 V100 测试，结果会不一样。

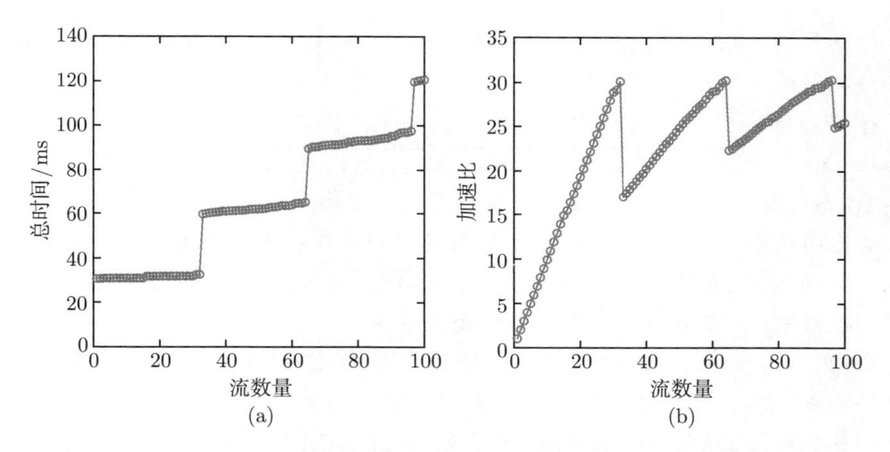

图 11.2 用 Tesla K40 测试 CUDA 流中核函数的执行情况与加速比

(a) 所有流中的核函数执行完毕需要的时间随 CUDA 流数量的变化关系；
(b) 使用 CUDA 流带来的加速比

11.4 用非默认 CUDA 流重叠核函数的执行与数据传递

11.4.1 不可分页主机内存与异步的数据传输函数

要实现核函数执行与数据传输的并发（重叠），必须让这两个操作处于不同的非默认流，而且数据传输必须使用 `cudaMemcpy()` 函数的异步版本，即 `cudaMemcpyAsync()` 函数。异步传输由 GPU 中的 DMA（direct memory access）直接实现，不需要主机参与。如果用同步的数据传输函数，主机在向一个流发出数据传输的命令后，将无法立刻获得控制权，必须等待数据传输完毕。也就是说，主机无法同时去另一个流调用核函数。这样核函数与数据传输的重叠也就无法实现。异步传输函数的原型为

```
cudaError_t cudaMemcpyAsync
(
    void                *dst,
    const void          *src,
    size_t              count,
    enum cudaMemcpyKind kind,
    cudaStream_t        stream
);
```

也就是说，cudaMemcpyAsync() 只比 cudaMemcpy() 多一个参数。该函数的最后一个参数就是所在流的变量。

在使用异步的数据传输函数时，需要将主机内存定义为不可分页内存（non-pageable memory）或者固定内存（pinned memory）。不可分页内存是相对于可分页内存（pageable memory）的。操作系统有权在一个程序运行期间改变程序中使用的可分页主机内存的物理地址。相反，若主机中的内存声明为不可分页内存，则在程序运行期间，其物理地址将保持不变。如果将可分页内存传给 cudaMemcpyAsync() 函数，则会导致同步传输，达不到重叠核函数执行与数据传输的效果。主机内存为可分页内存时，数据传输过程在使用 GPU 中的 DMA 之前必须先将数据从可分页内存移动到不可分页内存，从而必须与主机同步。主机无法在发出数据传输的命令后立刻获得程序的控制权，从而无法实现不同 CUDA 流之间的并发。

不可分页主机内存的分配可以由以下两个 CUDA 运行时 API 函数中的任何一个实现：

```
cudaError_t cudaMallocHost(void** ptr, size_t size);
cudaError_t cudaHostAlloc(void** ptr, size_t size, size_t flags);
```

注意：第二个函数的名称中没有字母 M。若函数 cudaHostAlloc() 的第三个参数取默认值 cudaHostAllocDefault，则以上两个函数完全等价。本书不讨论函数 cudaHostAlloc() 的第三个参数取其他值的用法。由以上函数分配的主机内存必须由如下函数释放：

```
cudaError_t cudaFreeHost(void* ptr);
```

如果不小心用了 free() 函数释放不可分页主机内存，会出现运行错误。

11.4.2 重叠核函数执行与数据传输的例子

我们说过，在编写 CUDA 程序时要尽量避免主机与设备之间的数据传输，但这种数据传输一般来说是无法完全避免的。假如在一段 CUDA 程序中，我们需要先从主机向设备传输一定数量的数据（我们将此 CUDA 操作简称为 H2D），然后在 GPU 中使用所传输的数据做一些计算（我们将此 CUDA 操作简称为 KER，意为核函数执行），最后将一些数据从设备传输至主机（我们将此 CUDA 操作简称为 D2H）。下面，我们首先从理论上分析使用 CUDA 流可能带来的性能提升。

如果仅使用一个 CUDA 流（如默认流），那么以上 3 个操作在设备中一定是顺序的：

```
Stream 0: H2D -> KER -> D2H
```

如果简单地将以上 3 个 CUDA 操作放入 3 个不同的流，相比仅使用一个 CUDA 流的情形依然不能得到加速，因为以上 3 个操作在逻辑上是有先后次序的。如果使用 3 个流，其执行流程可以理解如下：

```
Stream 1: H2D
Stream 2:      -> KER
Stream 3:             -> D2H
```

因为该方案不能带来性能提升，我们不讨论如何在 3 个流中保证这种执行次序。

要利用多个流提升性能，必须创造出在逻辑上可以并发执行的 CUDA 操作。一个方法是将以上 3 个 CUDA 操作都分成若干等份，然后在每个流中发布一个 CUDA 操作序列。例如，使用两个流时，我们将以上 3 个 CUDA 操作都分成两等份。在理想情况下，它们的执行流程可以如下：

```
Stream 1: H2D -> KER -> D2H
Stream 2:        H2D -> KER -> D2H
```

注意：这里的每个 CUDA 操作所处理的数据量只有使用一个 CUDA 流时的一半。我们注意到，两个流中的 H2D 操作不能并发地执行（受硬件资源的限制），但第二个流的 H2D 操作可以和第一个流的 KER 操作并发地执行，第二个流的 KER 操作也可以和第一个流的 D2H 操作并发地执行。如果 H2D、KER、和 D2H 这 3 个 CUDA 操作的执行时间都相同，那么就能有效地隐藏一个 CUDA 流中两个 CUDA 操作的执行时间，使得总的执行效率相比使用单个 CUDA 流的情形提升到 $6/4 = 1.5$ 倍。

我们可以类似地分析使用更多流的情形。例如，当使用 4 个流并将每个流中的 CUDA 操作所处理的数据量变为最初的 1/4 时，在理想的情况下可以得到如下执行流程：

```
Stream 1: H2D -> KER -> D2H
Stream 2:        H2D -> KER -> D2H
```

```
Stream 3:            H2D -> KER -> D2H
Stream 4:                      H2D -> KER -> D2H
```

此时，总的执行效率相比使用单个 CUDA 流的情形提升到 $12/6 = 2$ 倍。不难理解，随着流的数目的增加，在理想情况下能得到的加速比将趋近于 3。

Listing 11.3 给出了一个使用 CUDA 流重叠核函数执行和数据传输的例子。该程序一共计算 2^{22} 个数据对的和。当使用 `num` 个 CUDA 流时，每个 CUDA 流处理 `N1 = N / num` 对数据。第 21~36 行，主机向每一个流发布任务，包括数据传输和核函数执行。根据第 5 章的讨论，数据传输的带宽大概是 GPU 显存带宽的几十分之一。为了让核函数所用时间与数据传输时间相当，程序故意让核函数中的求和操作重复 40 次。由 Tesla K40 得到的结果如图 11.3 所示。

Listing 11.3　本章程序 kernel-transfer.cu 中的部分内容

```
1  void __global__ add(const real *x, const real *y, real *z, int N)
2  {
3      const int n = blockDim.x * blockIdx.x + threadIdx.x;
4      if (n < N)
5      {
6          for (int i = 0; i < 40; ++i)
7          {
8              z[n] = x[n] + y[n];
9          }
10     }
11 }
12
13 void timing
14 (
15     const real *h_x, const real *h_y, real *h_z,
16     real *d_x, real *d_y, real *d_z,
17     const int num
18 )
19 {
20     //一些与计时相关的代码
21         for (int i = 0; i < num; i++)
22         {
23             int offset = i * N1;
24             CHECK(cudaMemcpyAsync(d_x + offset, h_x + offset, M1,
25                 cudaMemcpyHostToDevice, streams[i]));
26             CHECK(cudaMemcpyAsync(d_y + offset, h_y + offset, M1,
27                 cudaMemcpyHostToDevice, streams[i]));
28
29             int block_size = 128;
```

```
30             int grid_size = (N1 - 1) / block_size + 1;
31             add<<<grid_size, block_size, 0, streams[i]>>>
32             (d_x + offset, d_y + offset, d_z + offset, N1);
33 
34             CHECK(cudaMemcpyAsync(h_z + offset, d_z + offset, M1,
35                 cudaMemcpyDeviceToHost, streams[i]));
36         }
37     //一些与计时相关的代码
```

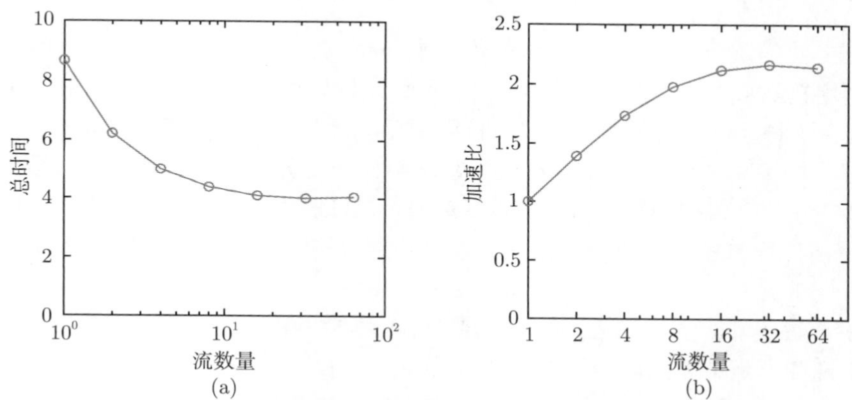

图 11.3 由 Tesla K40 得到的关于核函数与数据传输并发执行的测试结果

(a) 总时间随 CUDA 流数量的变化关系；(b) 使用 CUDA 流带来的加速比

如果核函数执行、主机到设备的数据传输及设备到主机的数据传输这 3 个 CUDA 操作能完全并行地执行，那么理论上最大的加速比应该是 3。在我们的例子中，用 32 个流时得到了约 2 倍的加速比，算是很不错了。没有得到最高的加速比的原因主要有两个：第一，在我们的例子中以上 3 种 CUDA 操作的执行时间并不完全一样。例如，从主机到设备传输的数据量是从设备到主机传输的数据量的 2 倍。第二，每个流中的第一个 CUDA 操作都是从主机向设备传输数据，它们无法并发地执行。另外，我们注意到，当流的个数超过 32 时，加速比开始减小，这可能与由多个流带来的额外开销（如更多的 CUDA 操作启动）有关。

可以用 CUDA 工具箱中的 `nvvp` 等工具对使用 CUDA 流的程序进行可视化性能剖析，但限于篇幅，本书不对此进行讨论。

该程序中的主机数组（即传入 `timing()` 函数的 `h_x`、`h_y` 和 `h_z`）所分配的内存为不可分页内存。如果为它们分配可分页内存，程序依然能够编译、运行，但计算时间会随 CUDA 流数目的增多而单调递增。这说明，将可分页内存变量传入异步传输函数时，异步的 `cudaMemcpyAsync()` 函数将退化为同步的 `cudaMemcpy()` 函数，导致同步传输的行为，从而达不到重叠核函数执行与数据传输的效果。

第 12 章

使用统一内存编程

在之前的章节中，我们学会了如何分配与释放显存、在主机与设备之间传输数据及调用核函数进行计算。本章将学习一种新编程模型：统一内存（unified memory）编程。在这种新的编程模型下，将不再需要手动地在主机与设备间传输数据。统一内存编程模型由 CUDA 6 引入，从开普勒架构开始就可用，而且其易用程度和性能都随着 GPU 架构的更新有所提高。然而，到目前为止，统一内存的某些功能在 Windows 操作系统中依然受到限制，本章的部分例子也只能在 Linux 系统中通过测试。

在开始本章的学习之前，我们强调一点：本章的内容对使用 CUDA 进行程序开发来说并不是必需的。一个 CUDA 项目完全可以不使用统一内存。所以，在第一次阅读本书时，可以选择性地跳过本章。本书后面的章节基本上不会涉及统一内存。

12.1 统一内存简介

12.1.1 统一内存的基本概念

统一内存是一种逻辑上的概念，它既不是显存，又不是主机的内存，而是一种系统中的任何处理器（CPU 或者 GPU）都可以访问，并能保证一致性的虚拟存储器。这种虚拟存储器是通过 CPU 和 GPU 各自内部集成的内存管理单元（memory management unit）实现的。在某种程度上，可以将一个系统中某个处理器的内存看成整个统一内存的超级大缓存。

统一内存编程从开普勒架构起就受到支持，但开普勒架构和麦克斯韦架构的 GPU 提供的统一内存编程功能相对较弱。从帕斯卡架构到现在的伏特架构和图灵架构，统一内存的功能加强了很多，主要是因为这些架构的 GPU 具有了精细的缺页异常处理（page-fault handling）能力。一般把开普勒架构和麦克斯韦架构的统一内存称为第一代统一内存，把从帕斯卡架构开始的统一内存称为第二代统一内存。

在统一内存之前，还有一种零复制内存（zero-copy memory）。它们都提供了一种统一的能被 CPU 和 GPU 都访问到的存储器，但零复制内存只是用主机内存作为存储介质，而统一内存则能将数据放在一个最合适的地方（可以是主机，也可以是设备）。这里我们不介绍零复制内存的使用方法。

另外，统一内存编程在很大程度上涉及多 GPU 编程。由于本书不涉及多 GPU 编程，故也不对这方面的内容进行介绍。

12.1.2 使用统一内存对硬件的要求

使用统一内存对硬件有较高的要求：

(1) 对于所有的功能，GPU 的架构都必须不低于开普勒架构，主机应用程序必须为 64 位的。

(2) 对于一些较新的功能（在适当的时候会具体指出），至少需要帕斯卡架构的 GPU，而且主机要用 Linux 系统。也就是说，无论用什么 GPU，在 Windows 系统中都只能用第一代统一内存的功能。

(3) 在具有 IBM Power 9 和 NVLink 的系统中，伏特架构的 GPU 支持设备访问任何主机内存，包括用 malloc 分配的动态数组和在栈上分配的静态数组。这是非常诱人的特征，但普通用户（包括作者）可能没有这样的硬件资源。

12.1.3 统一内存编程的优势

下面是使用统一内存可能带来的好处：

(1) 统一内存使 CUDA 编程更加简单。使用统一内存，将不再需要手动将数据在主机与设备之间传输，也不需要针对同一组数据定义两个指针，并分别分配主机和设备内存。对于某个统一内存变量，可以直接从 GPU 或者 CPU 中进行访问。

(2) 可能会提供比手工移动数据更好的性能。底层的统一内存实现，可能会自动将一部分数据放置到离某个存储器更近的位置（如部分放置到某卡的显存中，部分放置到内存中），这种自动的就近数据存放，有可能提升性能。

(3) 允许 GPU 在使用了统一内存的情况下，进行超量分配。超出 GPU 内存额度的部分可能存放在主机上。这可能是使用统一内存时最大的好处，因为一般来说 CPU 的内存可以更多，但处理速度较低，而 GPU 虽然处理速度较高，但内存（显存）数量有限（参看第 1 章中所列的数据）。该功能要求帕斯卡架构或更高的架构及 Linux 操作系统。

12.2 统一内存的基本使用方法

统一内存在设备中是当作全局内存使用的，而且必须在主机端定义或分配内存，而不能在设备端（核函数和 `__device__()` 函数）定义或分配内存。例如，在核函数中由 malloc 分配的堆内存不属于统一内存，从而无法被 CPU 访问。下面介绍统一内存的基本用法。

12.2.1 动态统一内存

我们继续研究由第 3 章引入的数组相加的例子。用统一内存改写后，主函数中的内容见 Listing 12.1。我们这里省略核函数和一个检查结果正确性的主机端函数的定义，因为它们相对于之前未使用统一内存的情况没有任何变化。

Listing 12.1 本章程序 add.cu 中的主函数

```
1  int main(void)
2  {
3      const int N = 100000000;
4      const int M = sizeof(double) * N;
5      double *x, *y, *z;
6      CHECK(cudaMallocManaged((void **)&x, M));
7      CHECK(cudaMallocManaged((void **)&y, M));
8      CHECK(cudaMallocManaged((void **)&z, M));
9
10     for (int n = 0; n < N; ++n)
11     {
12         x[n] = a;
13         y[n] = b;
14     }
15
16     const int block_size = 128;
17     const int grid_size = N / block_size;
18     add<<<grid_size, block_size>>>(x, y, z);
19
20     CHECK(cudaDeviceSynchronize());
21     check(z, N);
22
23     CHECK(cudaFree(x));
24     CHECK(cudaFree(y));
25     CHECK(cudaFree(z));
26     return 0;
27 }
```

程序的第 5 行定义了 3 个双精度浮点数类型变量的指针，第 6~8 行给它们分配了统一内存。这里使用了一个新的 CUDA 运行时 API 函数，原型为

`cudaError_t cudaMallocManaged`

```
(
    void **devPtr,
    size_t size,
    unsigned flags = 0
);
```

相比 cudaMalloc() 函数，该函数多了一个可选参数 flags。该参数的默认值是 cudaMemAttachGlobal。如果取默认值，代表分配的全局内存可由任何设备通过任何 CUDA 流访问。flags 另一个可取的值是 cudaMemAttachHost，但我们不讨论这种情形。统一内存的释放依然是用之前用过的 cudaFree() 函数。值得强调的是，只能在主机端使用该函数分配统一内存，而不能在核函数中使用该函数。

分配了统一内存的变量既可以被设备访问，又可以被主机访问。第 10~14 行，在主机端对统一内存变量赋初值。第 18 行，调用核函数在设备端对统一内存进行访问。从核函数的角度来看，统一内存和普通设备内存在使用上没有任何区别。也就是说，在将一个程序从不使用统一内存的版本改为使用统一内存的版本（或者反过来）时，不需要对核函数进行修改。而且，可以一点一点地将非统一内存改为统一内存（或者反过来），即同一个程序中可以同时使用统一内存和非统一内存。

比较这个例子和第 3 章的 add1.cu 程序，能看出使用了统一内存后，程序确实简化了许多，不需要再针对同一组数据定义两个数组（一个在主机，一个在设备），而且不需要显式地进行主机与设备间的数据传输。至于程序的性能，很难通过这种简单的程序进行测试。如果只是针对核函数来说，可以说两个版本的核函数具有同样的性能。

12.2.2 静态统一内存

正如 GPU 中的全局内存除可以动态分配外，还可以静态分配，统一内存也可以静态地分配。要定义静态统一内存，只需要在修饰符 __device__ 的基础上再加上修饰符 __managed__ 即可。注意：这样的变量是在任何函数外部定义的，可见范围是所在源文件（更准确地说是所在翻译单元）。下面的 Listing 12.2 来自于《CUDA C++ Programming Guide》。

Listing 12.2 本章静态统一内存的程序示例

```
1  #include <stdio.h>
2
3  __device__ __managed__ int ret[1000];
4
5  __global__ void AplusB(int a, int b)
6  {
```

```
 7	    ret[threadIdx.x] = a + b + threadIdx.x;
 8	}
 9	
10	int main()
11	{
12	    AplusB<<<1, 1000>>>(10, 100);
13	    cudaDeviceSynchronize();
14	    for(int i = 0; i < 1000; i++)
15	    {
16	        printf("%d: A+B = %d\n", i, ret[i]);
17	    }
18	    return 0;
19	}
```

12.3 使用统一内存申请超量的内存

使用统一内存的一个好处是在适当的时候可以超量申请设备内存。我们用几个程序对此进行测试。该功能要求 GPU 的架构不低于帕斯卡架构（即属于第二代统一内存的功能）。这里用一台带有图灵架构的 GeForce RTX 2070 的计算机来测试。注意：该功能目前无法在 Windows 操作系统中使用。

12.3.1 第一个测试

我们的第一个测试代码见 Listing 12.3。如果用如下方式编译：

```
nvcc -arch=sm_75 -O3 oversubscription1.cu
```

得到的可执行文件是不使用统一内存的版本。运行得到的可执行文件，作者得到的输出为

```
Allocate 1 GB device memory.
Allocate 2 GB device memory.
Allocate 3 GB device memory.
Allocate 4 GB device memory.
Allocate 5 GB device memory.
Allocate 6 GB device memory.
Allocate 7 GB device memory.
CUDA Error:
    File:       oversubscription1.cu
    Line:       18
```

```
Error code: 2
Error text: out of memory
```

Listing 12.3 本章程序 oversubscription1.cu 的内容

```
1  #include "error.cuh"
2  #include <stdio.h>
3  #include <stdint.h>
4
5  const int N = 30;
6
7  int main(void)
8  {
9      for (int n = 1; n <= N; ++n)
10     {
11         const size_t size = size_t(n) * 1024 * 1024 * 1024;
12         uint64_t *x;
13 #ifdef UNIFIED
14         CHECK(cudaMallocManaged(&x, size));
15         CHECK(cudaFree(x));
16         printf("Allocated %d GB unified memory without touch.\n", n);
17 #else
18         CHECK(cudaMalloc(&x, size));
19         CHECK(cudaFree(x));
20         printf("Allocate %d GB device memory.\n", n);
21 #endif
22     }
23     return 0;
24 }
```

因为 GeForce RTX 2070 只有不到 8 GB 的设备内存，所以程序能够用函数 `cudaMalloc()` 分配 7 GB 的设备内存，但在尝试分配 8 GB 的设备内存时失败。如果用如下方式编译：

```
nvcc -arch=sm_75 -O3 -DUNIFIED oversubscription1.cu
```

得到的可执行文件是使用统一内存的版本。运行得到的可执行文件，程序不会报错，而且显示可以分配 30 GB 的统一内存：

```
Allocated 1 GB unified memory without touch.
Allocated 2 GB unified memory without touch.
⋮
Allocated 30 GB unified memory without touch.
```

作者的计算机只有 16 GB 的主机内存，加上显存一共不到 24 GB。为什么该测试程序显示可以分配 30 GB 的统一内存呢？实际上，对于第二代统一内存来说，函数 cudaMallocManaged() 的成功调用只代表成功地预定了一段地址空间，而统一内存的实际分配发生在主机或者设备第一次访问预留的内存时。在上述测试例子中，我们在调用 cudaMallocManaged() 分配统一内存之后，在调用 cudaFree() 释放统一内存之前，没有做任何事情，实际上相当于没有真正地分配统一内存。下面，我们分别测试在这两个函数之间用主机和设备访问统一内存的情形。

12.3.2 第二个测试

我们在上述程序的基础上稍做修改，得到如 Listing 12.4 所示的程序。在主函数中，我们在调用 cudaMallocManaged() 分配统一内存之后，在调用 cudaFree() 释放统一内存之前，调用了自定义的 gpu_touch() 核函数让设备对统一内存中的数据进行初始化。编译后在作者的计算机中运行该程序，在显示能成功分配 20 GB 的统一内存之后报道如下错误信息：

```
CUDA Error:
File:       oversubscription2.cu
Line:       25
Error code: 77
Error text: an illegal memory access was encountered
```

该测试说明，在 GPU 中对统一内存进行初始化时触发了统一内存的真正分配。虽然我们的主机与设备内存之和约为 24 GB，但由于操作系统和其他应用程序需要使用一定数量的内存，程序在尝试分配 21 GB 的统一内存时失败。

Listing 12.4 本章程序 oversubscription2.cu 的内容

```
1  #include "error.cuh"
2  #include <stdio.h>
3  #include <stdint.h>
4
5  const int N = 30;
6
7  __global__ void gpu_touch(uint64_t *x, const size_t size)
8  {
9      const size_t i = blockIdx.x * blockDim.x + threadIdx.x;
10     if (i < size)
11     {
12         x[i] = 0;
13     }
```

```
14 }
15 
16 int main(void)
17 {
18     for (int n = 1; n <= N; ++n)
19     {
20         const size_t size = size_t(n) * 1024 * 1024 * 1024;
21         uint64_t *x;
22         CHECK(cudaMallocManaged(&x, size));
23         gpu_touch<<<size / sizeof(uint64_t) / 1024, 1024>>>(x, size /
               sizeof (uint64_t));
24         CHECK(cudaGetLastError());
25         CHECK(cudaDeviceSynchronize());
26         CHECK(cudaFree(x));
27         printf("Allocated %d GB unified memory with GPU touch.\n", n);
28     }
29     return 0;
30 }
```

12.3.3　第三个测试

因为主机也可以访问统一内存，我们也可以尝试在主机端初始化统一内存中的数据。在前一测试程序的基础上，我们写出如 Listing 12.5 所示的程序。在主函数中，我们在调用 cudaMallocManaged() 分配统一内存之后，在调用 cudaFree() 释放统一内存之前，调用了自定义的 cpu_touch() 函数让主机对统一内存中的数据进行初始化。编译后在作者的计算机中运行该程序，结果显示最多能成功分配 13 GB 的统一内存，之后抛出一个错误信息“Killed”。这说明，仅仅在 CPU 中访问统一内存的话，在使用完主机内存后不会自动使用设备内存。所以，若要将主机和设备的内存都纳入统一内存，则需要及时地让 GPU 访问统一内存或者用 12.4 节介绍的 cudaMemPrefetchAsync() 函数实现数据从主机到设备的迁移。

Listing 12.5　本章程序 oversubscription3.cu 的内容

```
1 #include "error.cuh"
2 #include <stdio.h>
3 #include <stdint.h>
4 
5 const int N = 30;
6 
7 void cpu_touch(uint64_t *x, size_t size)
8 {
```

```
9       for (size_t i = 0; i < size / sizeof(uint64_t); i++)
10      {
11          x[i] = 0;
12      }
13  }
14
15  int main(void)
16  {
17      for (int n = 1; n <= N; ++n)
18      {
19          size_t size = size_t(n) * 1024 * 1024 * 1024;
20          uint64_t *x;
21          CHECK(cudaMallocManaged(&x, size));
22          cpu_touch(x, size);
23          CHECK(cudaFree(x));
24          printf("Allocated %d GB unified memory with CPU touch.\n", n);
25      }
26      return 0;
27  }
```

12.4 优化使用统一内存的程序

为了在使用统一内存时获得较高性能，需要避免缺页异常、保持数据的局部性（让相关数据尽量靠近对应的处理器）但避免内存抖动（即频繁地在不同的处理器之间传输数据）。CUDA 的统一内存机制可以部分地自动做到这些，但很多情况下还是需要手动地给编译器一些提示（hints），如使用 CUDA 运行时 API 函数 cudaMemAdvise() 和 cudaMemPrefetchAsync()。我们这里仅介绍后者，并用一个例子展示其用法。该部分的功能由第二代统一内存引入，故需要使用 Linux 操作系统和不低于帕斯卡架构的 GPU。

函数 cudaMemPrefetchAsync() 的原型如下：

```
cudaError_t cudaMemPrefetchAsync
(
    const void *devPtr,
    size_t count,
    int dstDevice,
    cudaStream_t stream
);
```

该函数的作用是在 CUDA 流 stream 中将统一内存缓冲区 devPtr 内 count 字节的内存迁移到设备 dstDevice（主机的设备号用 cudaCpuDeviceId 表示）中的内存区域，从而防止（或减少）缺页异常，并提高数据的局部性。

Listing 12.6 展示了如何在本章的数组相加程序中加入函数 cudaMemPrefetchAsync() 的调用。在第 3~4 行，我们用 CUDA 运行时 API 函数 cudaGetDevice() 获得了当前活跃的主机线程所使用的设备号。注意：这里给函数 cudaGetDevice() 传递的是一个整型变量的指针。在执行核函数之前，第 22~24 行调用 cudaMemPrefetchAsync() 函数，实现统一内存从主机到设备的迁移。在调用 check() 函数从主机访问统一内存之前，第 28 行继续调用 cudaMemPrefetchAsync() 函数，实现统一内存从设备到主机的迁移。该程序没有使用非默认流，故 cudaMemPrefetchAsync() 函数中的最后一个参数为默认流 NULL。

Listing 12.6　本章程序 prefetch.cu 中的主函数

```
1  int main(void)
2  {
3      int device_id = 0;
4      CHECK(cudaGetDevice(&device_id));
5
6      const int N = 100000000;
7      const int M = sizeof(double) * N;
8      double *x, *y, *z;
9      CHECK(cudaMallocManaged((void **)&x, M));
10     CHECK(cudaMallocManaged((void **)&y, M));
11     CHECK(cudaMallocManaged((void **)&z, M));
12
13     for (int n = 0; n < N; ++n)
14     {
15         x[n] = a;
16         y[n] = b;
17     }
18
19     const int block_size = 128;
20     const int grid_size = N / block_size;
21
22     CHECK(cudaMemPrefetchAsync(x, M, device_id, NULL));
23     CHECK(cudaMemPrefetchAsync(y, M, device_id, NULL));
24     CHECK(cudaMemPrefetchAsync(z, M, device_id, NULL));
25
26     add<<<grid_size, block_size>>>(x, y, z);
27
```

```
28      CHECK(cudaMemPrefetchAsync(z, M, cudaCpuDeviceId , NULL));
29      CHECK(cudaDeviceSynchronize());
30      check(z, N);
31
32      CHECK(cudaFree(x));
33      CHECK(cudaFree(y));
34      CHECK(cudaFree(z));
35      return 0;
36  }
```

一般来说，在使用统一内存时，要尽可能多地使用 cudaMemPrefetchAsync() 函数，将缺页异常的次数最小化。即使需要在程序中插入这种对编译器的提示语句，使用统一内存的程序从整体上来说还是比不使用统一内存的程序要简洁。限于篇幅，本书不再进一步讨论统一内存的用法，请感兴趣的读者参阅《CUDA C++ Programming Guide》的附录 K。至于是否应该尽可能多地使用统一内存，不同的人可能有不同的看法。我们留给读者自己在实践中去体会其中的优缺点。

第 13 章 分子动力学模拟的CUDA程序开发

在前面的章节中，我们已经用一些简短的程序较为系统地介绍了 CUDA 编程的基础知识。为了能够更加深入地讨论 CUDA 程序的优化策略，我们将讨论一个初具规模的 CUDA 程序的开发与优化。该程序可实现一个简单的分子动力学模拟（molecular dynamics simulation）。分子动力学模拟的算法涉及本科水平的物理学（主要是经典力学和经典统计力学），故阅读本章至少需要有大学物理或者普通物理的知识基础。无此基础的读者可跳过本章，不会影响其他章节的学习。

13.1 分子动力学模拟的基本算法和 C++ 实现

本章的程序有多个版本，包括一个 C++ 版本和几个 CUDA 版本，每个版本都有几百行代码。我们不会一行一行地对代码进行解释，请读者在阅读本章时参考与本书对应的 Github 仓库的源代码。本节将结合 C++ 版本的程序介绍分子动力学模拟的基本算法。

13.1.1 程序的整体结构

我们没有在 C++ 程序中使用类，故整个程序是 C 语言风格的。该程序由若干头文件（扩展名为 `.cuh`）和源文件（扩展名为 `.cu`）构成，其中大多是两两配对的。头文件中放有结构体定义、常量定义、宏定义及函数声明，源文件中放有函数定义。每个源文件是一个编译单元，在链接之前会被编译为一个目标文件。整个程序的计算流程主要体现在文件 `main.cu` 中的 `main()` 函数中。程序的文件依赖关系如下：

- 主函数（`main.cu`）。
  - 内存分配与释放（`memory.cuh` 和 `memory.cu`）。
  - 模拟系统的初始化（`initialize.cuh` 和 `initialize.cu`）。
  - 构建邻居列表（`neighbor.cuh` 和 `neighbor.cu`）。
    - 实施最小镜像约定（`mic.cuh`）。

  - 运动方程的积分（integrate.cuh 和 integrate.cu）。
    * 求力与势能（force.cuh 和 force.cu）。
      ♦ 实施最小镜像约定（mic.cuh）。

大部分文件依赖于一个公共头文件 common.cuh。公共头文件中的内容很少，即使被包含于多个文件也不会增加太多的编译负担。所有的头文件都用 #pragma once 确保它不被多次包含。虽然如此，一个源文件最好仅包含它确实需要的头文件。在源文件中，有的函数定义中有一个限定符 static，代表该函数为静态函数，其作用域仅在当前的源文件（或者说当前的编译单元）。这样的函数将不会被别的源文件中的函数调用。没有限定符 static 的函数在链接后将在整个程序可见，是将要被别的源文件中的一个或多个函数调用的。

13.1.2 分子动力学模拟的基本流程

分子动力学模拟是一种数值计算方法。在这种方法中，我们对一个具有一定初始条件和边界条件且具有相互作用的多粒子系统的运动方程进行数值积分，得到系统在相空间（phase space）中的一条离散的轨迹，并用统计力学的方法从这条相轨迹（phase trajectory）中提取出有用的物理结果。

相空间是经典力学和统计力学中常用的概念，它是坐标空间的推广。例如，对于一个三维空间中的粒子（质点），我们可以用一个具有 3 个分量 x、y 和 z 的矢量表示其在坐标空间的位置（一个点）。而该粒子的相空间是一个六维的空间，其中的一个点（相空间点）可以用 3 个坐标分量（x、y 和 z）和 3 个动量分量（p_x、p_y 和 p_z）合起来描述。如果系统中有 N 个粒子，那么我们就要用 $3N$ 个坐标和 $3N$ 个动量来描述全部粒子的微观状态。这 $6N$ 个量可以看作一个 $6N$ 维空间的分量。这样构成的 $6N$ 维空间就是这 N 个粒子的相空间。一般来说，每个粒子的坐标和动量是随时间变化的，那么 N 个粒子的 $6N$ 维相空间中的点也是随时间变化的。随时间变化的相空间点就构成了相轨迹。在分子动力学模拟中，我们只能得到离散的相轨迹，因为我们对粒子的运动方程进行数值积分时用了有限大小的时间间隔，而不是无穷小的时间间隔。一条很长的（很多时刻的）相轨迹包含系统的很多微观状态，而通过统计力学的方法就可以根据这些微观状态计算出有用的宏观物理量，如系统的温度和压强。

根据上述定义，我们可以设想一个典型的、简单的分子动力学模拟有如下大致的计算流程：

(1) 设置系统的初始条件，具体包括

1) 初始化各个粒子的位置矢量。

2) 初始化各个粒子的速度矢量。

(2) 根据系统中的粒子所满足的相互作用规律，由牛顿定律确定所有粒子的运动方程（二阶常微分方程组），并对运动方程进行数值积分，即不断地更新每个粒子的坐标和速度。最终，我们将得到一系列离散时刻系统在相空间中的位置，即一条离散的相轨迹。

(3) 用统计力学的方法分析相轨迹所蕴含的物理规律。

13.1.3　初始条件

初始化是指给定一个初始的相空间点，包括各个粒子初始的坐标和速度。在分子动力学模拟中，我们需要对 $3N$（N 是粒子数目）个二阶常微分方程进行数值积分。因为每一个二阶常微分方程的求解都需要有两个初始条件，所以我们需要确定 $6N$ 个初始条件：$3N$ 个初始坐标分量和 $3N$ 个初始速度分量。

坐标的初始化指的是为系统中的每个粒子选定一个初始的位置坐标。分子动力学模拟中如何初始化位置主要取决于所要模拟的体系。例如，如果要模拟固态氩，就得让各个氩原子的位置按面心立方结构排列。如果要模拟的是液态或气态物质，那么初始坐标的选取就可以比较随意了。重要的是，在构造的初始结构中，任何两个粒子的距离都不能太小，因为距离太小可能导致有些粒子受到非常大的力，以至于让后面的数值积分变得非常不稳定。坐标的初始化也常被称为建模，往往需要用到一些专业的知识，如固体物理学中的知识。在本书的例子中，我们只考虑固态氩的模拟，故不需要懂太多专业知识。前面提到的面心立方结构是一种晶体结构，读者若不熟悉也不用担心，因为这不影响读者理解本书中 CUDA 程序开发的知识。

我们知道，任何经典热力学系统在平衡时各个粒子的速度满足麦克斯韦分布。然而，作为初始条件，我们并不一定要求粒子的速度满足麦克斯韦分布。最简单的速度初始化方法是产生 $3N$ 个在某个区间均匀分布的随机速度分量，再通过如下两个基本条件对速度分量进行修正。

第一个条件是让系统的总动量为零。也就是说，我们不希望系统的质心在模拟的过程中跑动。分子间作用力是所谓的内力，不会改变系统的整体动量，即系统的整体动量是守恒的。只要初始的整体动量为零，在分子动力学模拟的时间演化过程中整体动量将保持为零。如果整体动量明显偏离零（相对于所用浮点数精度来说），则说明模拟出了问题。这正是判断程序是否有误的标准之一。

第二个条件是系统的总动能应该与所选定的初始温度对应。我们知道，在经典统计力学中，能量均分定理成立，即粒子的哈密顿量中每一个具有平方形式的能量项的统计平均值都等于 $k_{\rm B}T/2$。其中，$k_{\rm B}$ 是玻尔兹曼常数，T 是系统的绝对温度。所以，在将质心的动量取为零之后就可以对每个粒子的速度进行一个标度变换，使得系统的初始温度与所设定的温度一致。我们在大学物理或普通物理中学过，对于拥有 N 个粒子的系统，其温度 T 可以用每个粒子的质量 m_i 和速度 $\boldsymbol{v}_i$ 表达为（本书用黑体表示三维空间的矢量）

$$\frac{3N}{2}k_{\rm B}T = \sum_{i=1}^{N}\frac{1}{2}m_i\boldsymbol{v}_i^2 \tag{13.1}$$

其中，矢量 $\boldsymbol{v}_i$ 的平方 $\boldsymbol{v}_i^2$ 代表它的各个分量（v_{ix}、v_{iy}、v_{iz}）的平方和：

$$\boldsymbol{v}_i^2 = v_{ix}^2 + v_{iy}^2 + v_{iz}^2 \tag{13.2}$$

假设我们设置的目标温度是 T_0，那么要对各个粒子的速度做怎样的操作才会让系统的温度从 T 变成 T_0 呢？很简单，只要做如下变换即可：

$$\boldsymbol{v}_i \to \boldsymbol{v}'_i = \boldsymbol{v}_i\sqrt{\frac{T_0}{T}} \tag{13.3}$$

我们来验证一下：

$$\sum_{i=1}^{N}\frac{1}{2}m_i\boldsymbol{v}_i'^2 = \sum_{i=1}^{N}\frac{1}{2}m_i\boldsymbol{v}_i^2\frac{T_0}{T} = \frac{3N}{2}k_{\rm B}T\frac{T_0}{T} = \frac{3N}{2}k_{\rm B}T_0 \tag{13.4}$$

我们还可以验证，如果在做式（13.3）中的变换之前，系统的总动量已经为零（这正是上一步做的事情），那么在做这个变换之后，系统的总动量也为零，即

$$\sum_{i=1}^{N}m_i\boldsymbol{v}'_i = \sum_{i=1}^{N}m_i\boldsymbol{v}_i\sqrt{\frac{T_0}{T}} = 0 \tag{13.5}$$

文件 `initialize.cu` 中的 `initialize_position()` 函数和 `initialize_velocity()` 函数分别负责坐标和速度的初始化。其中，`initialize_velocity()` 函数调用了同文件的 `scale_velocity()` 函数，用以得到一个确定的初始温度。

13.1.4 边界条件

在我们对分子动力学模拟的定义中，除了初始条件，还提到了边界条件。边界条件对常微分方程的求解并不是必要的，但在分子动力学模拟中通常会根据所模拟的物理体系选取合适的边界条件，以期得到更合理的结果。边界条件的选取对粒子间作用力的计算也是有影响的。常用的边界条件有好几种，但我们这里只讨论其中的一种：周期边界条件（periodic boundary conditions）。在计算机模拟中，模拟的系统尺寸一定是有限的，通常比实验中对应的体系的尺寸小很多。选取周期边界条件通常可以让模拟的体系更加接近于实际的情形，因为原本有边界的系统在应

用了周期边界条件之后,"似乎"没有边界了。当然,并不能说应用了周期边界条件的系统就等价于无限大的系统,只能说周期边界条件的应用可以部分地消除边界效应,让所模拟系统的性质更加接近于无限大系统的性质。通常,在这种情况下,我们要模拟几个不同大小的系统,分析所得结果对模拟尺寸的依赖关系。

在计算两个粒子,如粒子 i 和粒子 j 的距离时,就要考虑周期边界条件带来的影响。举个一维的例子,假设模拟在一个长度为 L_x 的模拟盒子(simulation box)中进行,采用周期边界条件时,必须将该一维的盒子想象为一个圆圈。假设 $L_x = 10$(任意单位),第 i 个粒子的坐标 $x_i = 1$,第 j 个粒子的坐标 $x_j = 8$,则这两个粒子的距离是多少呢?如果忽略周期边界条件,那么答案是 $|x_j - x_i| = 7$,而且 j 粒子在 i 粒子的右边(坐标值大的一边)。但是,在采取周期边界条件时,也可认为 j 粒子在 i 粒子的左边,且坐标值可以平移至 $8 - 10 = -2$。这样,j 与 i 的距离是 $|x_j - x_i| = 3$,比平移 j 粒子之前两个粒子之间的距离要小。在我们的模拟中,总是采用最小镜像约定(minimum image convention):在计算两个粒子的距离时,总是取最小的可能值。定义

$$x_j - x_i \equiv x_{ij} \tag{13.6}$$

则这个约定等价于如下规则:

(1) 如果 $x_{ij} < -L_x/2$,则将 x_{ij} 换为 $x_{ij} + L_x$。

(2) 如果 $x_{ij} > +L_x/2$,则将 x_{ij} 换为 $x_{ij} - L_x$。

最终效果就是让变换后的 x_{ij} 的绝对值小于 $L_x/2$。

很容易将上述讨论推广到二维和三维的情形。例如,在二维的情形中,就要将一个周期的模拟盒子想象为一个环面(torus),就像一个甜甜圈或一个充了气的轮胎。在三维的情形中,就要将一个周期的模拟盒子想象为一个三维环面,而最小镜像约定可以做如下表达:

(1) 如果 $x_{ij} < -L_x/2$,则将 x_{ij} 换为 $x_{ij} + L_x$。

(2) 如果 $x_{ij} > +L_x/2$,则将 x_{ij} 换为 $x_{ij} - L_x$。

(3) 如果 $y_{ij} < -L_y/2$,则将 y_{ij} 换为 $y_{ij} + L_y$。

(4) 如果 $y_{ij} > +L_y/2$,则将 y_{ij} 换为 $y_{ij} - L_y$。

(5) 如果 $z_{ij} < -L_z/2$,则将 z_{ij} 换为 $z_{ij} + L_z$。

(6) 如果 $z_{ij} > +L_z/2$,则将 z_{ij} 换为 $z_{ij} - L_z$。

这里,我们假设了三维模拟盒子中 3 个共点的边的长度分别为 L_x、L_y 和 L_z,且两两相互垂直(所谓的正交模拟盒子)。如果有任意两个共点的边不是相互垂直的,情况就要复杂一些。在通用的分子动力学模拟程序中,必须考虑这种复杂的情形,但本书只讨论正交模拟盒子的情形。

文件 mic.cuh 中的 apply_mic() 函数负责实现最小镜像约定。该文件被定义为一个头文件，但其中定义了一个静态函数 apply_mic()。该文件将仅被源文件 neighbor.cu 和 force.cu 包含。这就相当于将静态函数 apply_mic() 写在源文件 neighbor.cu 和 force.cu 的开头部分。这样，在编译这两个源文件时，静态函数 apply_mic() 都很有可能会被编译成内联函数（inline function）。因为函数 apply_mic() 将被反复调用，使用内联函数更高效。若将函数 apply_mic() 放在一个单独的编译单元，即不与调用它的函数放在同一个编译单元，则不可能将函数 apply_mic() 编译成内联函数。作者测试后发现，是否将函数 apply_mic() 编译为内联函数对程序性能有不可忽视的影响。在开发与优化 CUDA 程序时，尽量优化对应的 C++ 程序也是很有必要的。

13.1.5 相互作用

宏观物质的性质在很大程度上是由微观粒子之间的相互作用力决定的。所以，对粒子间相互作用力的计算在分子动力学模拟中是至关重要的。粒子间有何种相互作用不是分子动力学模拟本身所能回答的；它本质上是一个量子力学的问题。在经典分子动力学模拟中，粒子间的相互作用力常常由一个或多个经验势函数描述。经验势函数能够在某种程度上反映出某些物质的某些性质。现在已发展出很多这样的势函数。这里，我们只介绍本书将要用到的一种势函数 ——Lennard-Jones 势。考虑系统中的任意粒子对 i 和 j，它们之间的相互作用势能可以写为

$$U_{ij}(r_{ij}) = 4\epsilon\left(\frac{\sigma^{12}}{r_{ij}^{12}} - \frac{\sigma^{6}}{r_{ij}^{6}}\right) \tag{13.7}$$

其中，ϵ 和 σ 是势函数中的参量，分别具有能量和长度的量纲；$r_{ij} = |\boldsymbol{r}_j - \boldsymbol{r}_i|$ 是两个粒子间的距离。

Lennard-Jones 势比较适合描述惰性元素组成的物质。它是最早提出的两体势函数之一。两体势是指两个粒子 i 和 j 之间的相互作用势仅依赖于它们之间的距离 r_{ij}，不依赖于系统中其他粒子的存在与否及具体位置。对于这样的势函数，我们可以将整个系统的势能 U 写为

$$U = \sum_{i=1}^{N} U_i \tag{13.8}$$

$$U_i = \frac{1}{2}\sum_{j \neq i} U_{ij}(r_{ij}) \tag{13.9}$$

将以上两式合起来，可以写成

$$U = \frac{1}{2}\sum_{i=1}^{N}\sum_{j\neq i} U_{ij}(r_{ij}) \tag{13.10}$$

上面的 U_i 可以称为粒子 i 的势能。式（13.10）中的因子 1/2 的作用是防止将一对相互作用势能重复计入。例如，假如系统中只有 3 个粒子，那么总势能为

$$U = \frac{1}{2}\left[U_{12}(r_{12}) + U_{13}(r_{13}) + U_{21}(r_{21}) + U_{23}(r_{23}) + U_{31}(r_{31}) + U_{32}(r_{32})\right] \tag{13.11}$$

对两体势，我们有

$$U_{12}(r_{12}) = U_{21}(r_{21}) \tag{13.12}$$

于是，这 3 个粒子系统的总势能可以简化为

$$U = U_{12}(r_{12}) + U_{13}(r_{13}) + U_{23}(r_{23}) \tag{13.13}$$

如果没有那个因子 1/2，那么得到的势能将是上式的 2 倍，显然是错误的。也可以将总势能写为如下形式：

$$U = \sum_{i=1}^{N}\sum_{j>i} U_{ij}(r_{ij}) \tag{13.14}$$

这种写法省略了一半的计算，正是 C++ 版本的程序中使用的公式。

能够由相互作用势能描述的粒子系统，其粒子间的相互作用力是所谓的保守力（conservative force），能够表达为势能对坐标的负梯度。具体地说，粒子 i 所受的合外力可以表达为

$$\boldsymbol{F}_i = -\boldsymbol{\nabla}_i U \tag{13.15}$$

其中，$\boldsymbol{\nabla}_i$ 表示针对粒子 i 的梯度符号，可以写为

$$\boldsymbol{\nabla}_i = \frac{\partial}{\partial x_i}\boldsymbol{e}_x + \frac{\partial}{\partial y_i}\boldsymbol{e}_y + \frac{\partial}{\partial z_i}\boldsymbol{e}_z \tag{13.16}$$

这里，$\boldsymbol{e}_x$、$\boldsymbol{e}_y$、$\boldsymbol{e}_z$ 是 3 个方向矢量。通过推导，我们可以得到

$$\boldsymbol{F}_i = \sum_{j\neq i} \frac{\partial U_{ij}(r_{ij})}{\partial r_{ij}} \frac{\boldsymbol{r}_{ij}}{r_{ij}} \tag{13.17}$$

其中，我们定义了一个表示粒子间相对位置的符号

$$\boldsymbol{r}_{ij} \equiv \boldsymbol{r}_j - \boldsymbol{r}_i \tag{13.18}$$

我们也可以将力 $\boldsymbol{F}_i$ 写为如下形式：

$$\boldsymbol{F}_i = \sum_{j \neq i} \boldsymbol{F}_{ij} \tag{13.19}$$

$$\boldsymbol{F}_{ij} = \frac{\partial U_{ij}(r_{ij})}{\partial r_{ij}} \frac{\boldsymbol{r}_{ij}}{r_{ij}} \tag{13.20}$$

也就是说，粒子 i 受到的总的力，等于其他粒子对它的作用力 $\boldsymbol{F}_{ij}$ 的矢量和。这里，$\boldsymbol{F}_{ij}$ 要理解为 j 粒子对 i 粒子的作用力，或者说 i 粒子受到的来自于 j 粒子的作用力。可以很容易看出

$$\boldsymbol{F}_{ij} = -\boldsymbol{F}_{ji} \tag{13.21}$$

这正是牛顿第三定律。在 C++ 版本的程序中，我们将利用牛顿第三定律节省一半的计算。

对于 Lennard-Jones 势，我们可以推导出如下的表达式：

$$\boldsymbol{F}_{ij} = \left(\frac{24\epsilon\sigma^6}{r_{ij}^8} - \frac{48\epsilon\sigma^{12}}{r_{ij}^{14}} \right) \boldsymbol{r}_{ij} \tag{13.22}$$

我们注意到，在式 (13.7) 和式 (13.22) 中，仅仅出现距离的偶数次方，而没有距离的奇数次方。利用这个特征可避免在程序中使用耗时的求平方根的函数。

计算各个原子的受力及势能的函数 `find_force()` 定义在文件 `force.cu` 中，见 Listing 13.1。该函数在结构上类似于第 9 章讨论过的求邻居列表的函数，具体算法如下：

(1) 第 16~26 行计算一些常量，包括截断距离的平方 r_c^2（`cutoff_square`）、$24\epsilon\sigma^6$（`e24s6`）、$48\epsilon\sigma^{12}$（`e48s12`）、$4\epsilon\sigma^6$（`e4s6`）和 $4\epsilon\sigma^{12}$（`e4s12`）。在循环之前尽可能多地计算常量可以省去很多不必要的计算。

(2) 第 27~30 行将各个粒子的力和势能初始化为零。

(3) 第 31 行对各个粒子进行循环。

(4) 第 33 行对粒子 i 的所有邻居进行循环。

(5) 第 35 行找到粒子 i 的一个邻居 j。这里所用的邻居列表由文件 `neighbor.cu` 中的 `find_neighbor()` 函数构建，具体算法在第 9 章讨论过。

(6) 第 36 行排除指标 j 小于指标 i 的情况。

(7) 第 37~39 行计算从 i 到 j 的位置矢量 $\boldsymbol{r}_{ij}$。

(8) 第 40 行对位置矢量 $\boldsymbol{r}_{ij}$ 实施最小镜像约定。

(9) 第 41 行计算 i 和 j 两个粒子之间距离的平方 r_{ij}^2。

(10) 第 42 行排除 $r_{ij}^2 > r_c^2$ 的情况。

(11) 第 43~48 行用经济的方式计算 r_{ij}^{-6}、r_{ij}^{-8}、r_{ij}^{-12} 和 r_{ij}^{-14}。除法运算比乘法运算耗时几倍，故要尽量用乘法代替除法。

(12) 第 49~53 行对每个粒子的力和势能进行累加，这里利用了牛顿第三定律。

Listing 13.1　本章 C++ 版本的程序（对应于文件夹 cpp）的文件 force.cu 中的内容

```
1  #include "force.cuh"
2  #include "mic.cuh"
3  
4  void find_force(int N, int MN, Atom *atom)
5  {
6      int *NN = atom->NN;
7      int *NL = atom->NL;
8      real *x = atom->x;
9      real *y = atom->y;
10     real *z = atom->z;
11     real *fx = atom->fx;
12     real *fy = atom->fy;
13     real *fz = atom->fz;
14     real *pe = atom->pe;
15     real *box = atom->box;
16     const real epsilon = 1.032e-2;
17     const real sigma = 3.405;
18     const real cutoff = 10.0;
19     const real cutoff_square = cutoff * cutoff;
20     const real sigma_3 = sigma * sigma * sigma;
21     const real sigma_6 = sigma_3 * sigma_3;
22     const real sigma_12 = sigma_6 * sigma_6;
23     const real e24s6 = 24.0 * epsilon * sigma_6;
24     const real e48s12 = 48.0 * epsilon * sigma_12;
25     const real e4s6 = 4.0 * epsilon * sigma_6;
26     const real e4s12 = 4.0 * epsilon * sigma_12;
27     for (int n = 0; n < N; ++n)
28     {
29         fx[n] = fy[n] = fz[n] = pe[n] = 0.0;
30     }
31     for (int i = 0; i < N; ++i)
32     {
33         for (int k = 0; k < NN[i]; k++)
34         {
35             int j = NL[i * MN + k];
36             if (j < i) { continue; }
37             real x_ij = x[j] - x[i];
38             real y_ij = y[j] - y[i];
```

```
39            real z_ij = z[j] - z[i];
40            apply_mic(box, &x_ij, &y_ij, &z_ij);
41            real r2 = x_ij*x_ij + y_ij*y_ij + z_ij*z_ij;
42            if (r2 > cutoff_square) { continue; }
43            real r2inv = 1.0 / r2;
44            real r4inv = r2inv * r2inv;
45            real r6inv = r2inv * r4inv;
46            real r8inv = r4inv * r4inv;
47            real r12inv = r4inv * r8inv;
48            real r14inv = r6inv * r8inv;
49            real f_ij = e24s6 * r8inv - e48s12 * r14inv;
50            pe[i] += e4s12 * r12inv - e4s6 * r6inv;
51            fx[i] += f_ij * x_ij; fx[j] -= f_ij * x_ij;
52            fy[i] += f_ij * y_ij; fy[j] -= f_ij * y_ij;
53            fz[i] += f_ij * z_ij; fz[j] -= f_ij * z_ij;
54        }
55    }
56 }
```

13.1.6 运动方程的数值积分

在经典力学中，粒子的运动方程（equations of motion）可以用牛顿第二定律表达。例如，对于第 i 个粒子，其运动方程为

$$m_i \frac{\mathrm{d}^2 \boldsymbol{r}_i}{\mathrm{d}t^2} = \boldsymbol{F}_i \tag{13.23}$$

其中，$\boldsymbol{F}_i$ 是该粒子受到的总的力；$\mathrm{d}^2\boldsymbol{r}_i/\mathrm{d}t^2$ 是位置矢量对时间的二阶导数，即加速度。这是一个二阶常微分方程，我们可以把它改写为两个一阶常微分方程：

$$\frac{\mathrm{d}\boldsymbol{r}_i}{\mathrm{d}t} = \boldsymbol{v}_i \tag{13.24}$$

$$\frac{\mathrm{d}\boldsymbol{v}_i}{\mathrm{d}t} = \frac{\boldsymbol{F}_i}{m_i} \tag{13.25}$$

其中，式 (13.24) 就是速度的定义。读者可以验证，以上 3 个公式确实是相互融洽的。

对运动方程进行数值积分的目的就是在给定的初始条件下找到各个粒子在一系列离散的时间点的坐标和速度值。我们假设每两个离散的时间点之间的间隔是固定的，记为 Δt，称为时间步长（time step）。在分子动力学模拟中使用的数值积分方法有很多种，我们这里只介绍“速度 -Verlet”积分方法（Verlet 是发展分子动

力学模拟方法的先驱之一），而且不去追究其推导过程。在该方法中，第 i 个粒子在时刻 $t+\Delta t$ 的速度 $\boldsymbol{v}_i(t+\Delta t)$ 和位置 $\boldsymbol{r}_i(t+\Delta t)$ 分别由以下两式给出：

$$\boldsymbol{v}_i(t+\Delta t) = \boldsymbol{v}_i(t) + \frac{1}{2}\frac{\boldsymbol{F}_i(t)+\boldsymbol{F}_i(t+\Delta t)}{m_i}\Delta t \tag{13.26}$$

$$\boldsymbol{r}_i(t+\Delta t) = \boldsymbol{r}_i(t) + \boldsymbol{v}_i(t)\Delta t + \frac{1}{2}\frac{\boldsymbol{F}_i(t)}{m_i}(\Delta t)^2 \tag{13.27}$$

由式 (13.26）和式 (13.27）可以看出，$t+\Delta t$ 时刻的坐标仅依赖于 t 时刻的坐标、速度和力，但 $t+\Delta t$ 时刻的速度依赖于 t 时刻的速度、力及 $t+\Delta t$ 时刻的力。所以，从算法的角度来说，以上两式应该对应如下的计算流程：

$$\boldsymbol{v}_i(t) \to \boldsymbol{v}_i(t+\Delta t/2) = \boldsymbol{v}_i(t) + \frac{1}{2}\frac{\boldsymbol{F}_i(t)}{m_i}\Delta t \tag{13.28}$$

$$\boldsymbol{r}_i(t) \to \boldsymbol{r}_i(t+\Delta t) = \boldsymbol{r}_i(t) + \boldsymbol{v}_i(t+\Delta t/2)\Delta t \tag{13.29}$$

$$\boldsymbol{F}_i(t) \to \boldsymbol{F}_i(t+\Delta t) \tag{13.30}$$

$$\boldsymbol{v}_i(t+\Delta t/2) \to \boldsymbol{v}_i(t+\Delta t) = \boldsymbol{v}_i(t+\Delta t/2) + \frac{1}{2}\frac{\boldsymbol{F}_i(t+\Delta t)}{m_i}\Delta t \tag{13.31}$$

注意：我们引入了一个中间的速度变量 $\boldsymbol{v}_i(t+\Delta t/2)$。式 (13.30) 的意思是用 $t+\Delta t$ 时刻的坐标计算新的力 $\boldsymbol{F}_i(t+\Delta t)$，替换老的力 $\boldsymbol{F}_i(t)$。完成上述计算之后，粒子的坐标、速度、和力都从 t 时刻的更新为 $t+\Delta t$ 时刻的。这就是一个时间步的计算。反复执行这样的计算流程，系统的微观状态就会不断地随时间变化，从而得到一条相空间的轨迹。系统所有的宏观性质都包含在相轨迹中。

式 (13.28)、式 (13.29) 和式 (13.31) 由文件 `integrate.cu` 中的 `integrate()` 函数实现。式 (13.30) 即对应文件 `force.cu` 中的 `find_force()` 函数。我们的分子动力学模拟中有两个演化过程，一个是平衡阶段，另一个是产出阶段，它们分别对应文件 `integrate.cu` 中的 `equilibration()` 函数和 `production()` 函数。其中，`equilibration()` 函数会调用同文件的 `scale_velocity()` 函数控制体系的温度，而 `production()` 函数会调用同文件的 `sum()` 函数计算体系的总动能和总势能。

13.1.7 程序中使用的单位制

我们的分子动力学模拟程序只涉及经典力学和热力学，故只需要用到 4 个基本物理量的单位。我们选择如下 4 个基本单位来确定各个物理量的数值：

(1) 能量：电子伏特（记号为 eV），约为 1.6×10^{-19} J。

(2) 长度：埃（angstrom，记号为 Å），即 10^{-10} m。

(3) 质量：原子质量单位（atomic mass unit，记号为 amu），约为 1.66×10^{-27} kg。

(4) 温度：开尔文（记号为 K）。

用这样的基本单位，可使程序中大部分物理量的数值接近 1。我们称这样的单位为该程序的“自然单位”。

从以上基本单位可以推导出程序中其他相关物理量的单位：

(1) 力。因为力乘以距离等于功（能量），故力的单位是能量单位除以长度单位，即 eV·Å^{-1}。

(2) 速度。因为动能正比于质量乘以速度的平方，故速度的单位是能量单位除以质量单位再开根号，即 eV$^{1/2}$ amu$^{-1/2}$。

(3) 时间。因为长度等于速度乘以时间，故时间的单位是长度单位除以速度单位，即 Å amu$^{1/2}$ eV$^{-1/2}$，约为 1.018051×10^1 fs（飞秒，即 10^{-15} s）。在程序的初始化阶段，我们需要设置一个积分的时间步长。一般来说，我们习惯用飞秒为单位设置积分步长，如将它设置为 1 fs。所以，我们需要随后将积分步长的单位从飞秒转换为该程序的自然单位，这需要除以如下常数：

```
const real TIME_UNIT_CONVERSION = 1.018051e+1;
```

该常数在头文件 `common.cuh` 中定义。

(4) 玻尔兹曼常数 k_B。这是一个很重要的常数，它在国际单位制中约为 1.38×10^{-23} J·K^{-1}，对应于程序自然单位制的 8.617343×10^{-5} eV·K^{-1}。所以，我们在头文件 `common.cuh` 还定义了一个常数：

```
const real K_B = 8.617343e-5;
```

13.1.8 程序的编译与运行

我们用 `make` 程序（https://www.gnu.org/software/make/）从源文件构建出可执行文件。为此，我们准备了需要的 Makefile 文件：在 Linux 系统使用的 `makefile` 和在 Windows 系统使用的 `makefile.windows`。如果要在 Windows 系统使用的话，可以从网站 http://www.equation.com/servlet/equation.cmd?fa=make 下载一个 GNU Make For Windows。可用以下命令编译：

```
$ make # Linux
$ make -f makefile.windows # Windows
```

如果在 Makefile 文件中的 CFLAGS 选项中加上 `-DUSE_DP`，将编译出使用双精度浮点数的版本，否则将编译出使用单精度浮点数的版本。

程序通过编译后，会产生一个名为 `ljmd` 的二进制文件，其运行命令为

```
$ ./ljmd nx Ne # Linux
```

```
$ ljmd nx Ne # Windows
```

这里，nx 代表我们模拟的固态氩模型在每个方向的晶胞个数，Ne 代表平衡过程中演化的步数。模型中的原子数为 nx * nx * nx * 4。为简单起见，我们将产出过程的步数和平衡过程的步数取为相等。

以上介绍的编译与运行命令也适用于 13.2 节的 CUDA 程序。

13.1.9 能量守恒的测试

本章中的程序不是一次性开发出来的，而是一点一点地写出来的，而且作者在编写的过程中做过很多测试，也犯过很多错误。这个开发过程是很难在书中体现出来的。我们首先测试该程序是否能通过能量守恒的测试。

程序在产出阶段每隔 100 步输出系统的总动能 $K(t)$ 和总势能 $V(t)$，它们都是时间 t（从产出阶段开始计时）的函数。对于大小有限的体系，它们都是随时间 t 涨落的。然而，根据能量守恒定律，系统动能和势能的和，即总能量 $E(t) = K(t) + V(t)$，应该是不随时间变化的。当然，我们的模拟中使用了具有一定误差的数值积分方法，故总能量也会有一定大小的涨落。这个涨落主要与积分的时间步长有关系。一般来说，积分的时间步长越大，总能量的涨落越大。

图 13.1（a）给出了系统的总动能、总势能和总能量在产出过程中随时间变化的情况。可以看出动能是正的，势能是负的，涨落相对较大；总能是负的，但在该图中看不出有涨落。图 13.1（b）给出了 $(E(t) - \langle E \rangle)/|\langle E \rangle|$，即总能的相对涨落值。

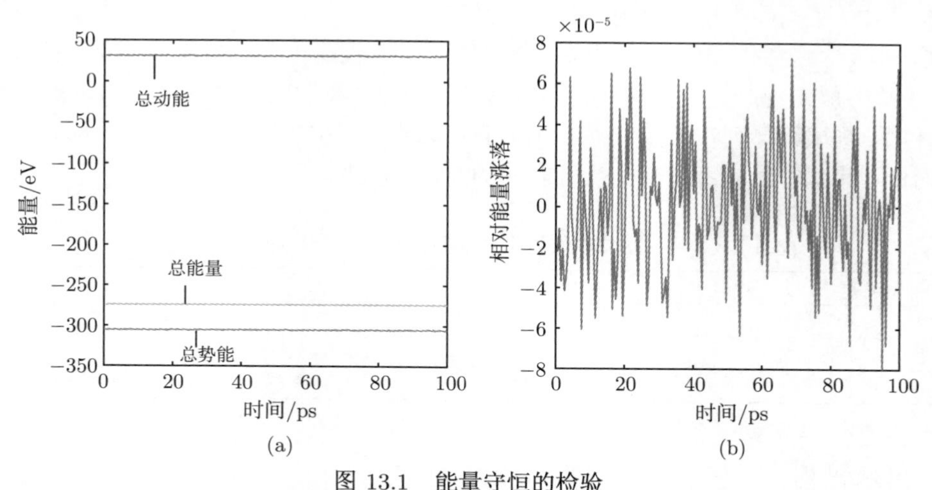

图 13.1 能量守恒的检验

（a）一个固态氩系统的总动能、总势能和总能量在产出过程中随时间变化的情况；

（b）该系统总能量的相对涨落

（请扫 II 页二维码看彩图）

可见，总能量确实也有涨落，相对涨落值在 10^{-5} 量级。对于很小的体系来说，这是一个合理的值。该图中模拟体系的原子数为 4000，积分步长为 5 fs。

对能量守恒的检验只是判断一个分子动力学模拟程序是否正确的方法之一。一个分子动力学模拟程序通过了能量守恒的检验，不代表就没有错误了。读者还可以输出粒子的速度，检验动量守恒及麦克斯韦速度分布规律是否得到满足，或者输出粒子的坐标，观察粒子如何运动。

13.1.10 C++ 版本程序运行速度的测试

在验证能量守恒之后，我们对该程序进行简单的性能测试。如果不使用邻居列表，求力函数的计算量将正比于粒子数平方 N^2。在使用了邻居列表后，该函数的计算量正比于 N。本书只考虑固态体系的模拟，邻居列表不需要更新。如果模拟流体，那就需要更新邻居列表，而我们构建邻居列表的函数的计算量正比于 N^2，对大体系是不高效的。在专业的分子动力学模拟程序中，一般会用一个更高级的构建邻居列表的算法，其计算量仅正比于 N。总之，在我们的程序中，构建邻居列表的计算量可以忽略不计。所以，该程序中最耗时的部分就是平衡和产出部分。

既然该程序的计算时间正比于 N，我们就随便用一个不太小的粒子数进行测试。不妨考虑 4000 个原子的体系。显然，程序在平衡和产出阶段的计算时间将分别正比于时间演化的步数 Ne 和 Np。我们取 Ne = Np = 20000 进行测试。在我们的程序中，平衡和产出阶段的用时是恰好差不多的。然而，在更有用的分子动力学模拟中，往往会在产出阶段做更多事情（而不是仅仅输出一些能量值，验证能量守恒），故一般来说产出阶段用时更多。为简单起见，我们的程序仅对产出阶段进行了计时。测试结果列在表 13.1 中。由该表可以看出，在产出阶段，求力的部分是最耗时的，其执行时间占了全部执行时间的 99% 左右。

表 13.1 C++ 版本的分子动力学模拟程序在产出阶段的执行时间

产出部分	计算时间/s	计算速度
求力部分	62	
其他部分	0.7	
全部	62.7	1.3×10^6 原子步每秒

注：程序的运行速度不显著地依赖于浮点数精度的选取。测试体系为具有 4000 个原子的固态氩体系，产出阶段有 20000 个时间步。

为了得到一个和粒子数及积分步数无关的计算速度，我们将计算速度定义为单个粒子单个步长的计算时间的倒数，即用粒子数乘以步数再除以计算时间，单位为原子步每秒。根据我们的数据，计算速度约为 1.3×10^6 原子步每秒。

13.2 CUDA 版本的分子动力学模拟程序开发

在 13.1 节，我们介绍了一个完整的 C++ 版本的分子动力学模拟程序。本节逐步将其移植为 CUDA 程序并优化程序的性能。

13.2.1 仅加速求力和能量的部分

从 13.1 节的结果可知，在产出阶段，求力的部分是最耗时的，其执行时间占了全部执行时间的 99% 左右。如果我们能够将求力的函数显著地加速，那么整个程序一定也可得到显著的加速。所以，我们首先专注于将求力的函数用 CUDA 改写。

首先要制订并行方案。因为对每个粒子受力的计算是相互独立的，所以很自然地想到用一个线程处理一个粒子的受力。可以将原来的求力函数分解为一个核函数和一个包装函数。核函数专注于力的计算，包装函数负责准备核函数需要的参数。因为我们这里仅仅加速求力的部分，故在包装函数中需要进行数据传输：在调用求力的核函数之前将坐标从主机传输到设备；在调用求力的核函数之后将力与势能的数据从设备传输到主机。在包装函数中还要准备核函数的执行配置。假如体系有 256 个粒子，而核函数调用时指定的线程块大小为 128，则每个线程块处理 128 个粒子，一共需要两个线程块。可见，在该并行方案中，需要较多的粒子才能达到较高的并行度。根据上述并行方案，我们写出如 Listing 13.2 所示的求力与势能的核函数和包装函数。

Listing 13.2　本章第一个 CUDA 版本的程序（对应文件夹为 force-only）文件 force.cu 中的内容

```
1  #include "error.cuh"
2  #include "force.h"
3  #include "mic.h"
4
5  struct LJ
6  {
7      real cutoff2;
8      real e24s6;
9      real e48s12;
10     real e4s6;
11     real e4s12;
12 };
13
14 static void __global__ gpu_find_force
```

```
15 (
16     LJ lj, int N, int *g_NN, int *g_NL, Box box,
17     real *g_x, real *g_y, real *g_z,
18     real *g_fx, real *g_fy, real *g_fz, real *g_pe
19 )
20 {
21     int i = blockIdx.x * blockDim.x + threadIdx.x;
22     if (i < N)
23     {
24         real fx = 0.0;
25         real fy = 0.0;
26         real fz = 0.0;
27         real potential = 0.0;
28         int NN = g_NN[i];
29         real x_i = g_x[i];
30         real y_i = g_y[i];
31         real z_i = g_z[i];
32         for (int k = 0; k < NN; ++k)
33         {
34             int j = g_NL[i + N * k];
35             real x_ij  = g_x[j] - x_i;
36             real y_ij  = g_y[j] - y_i;
37             real z_ij  = g_z[j] - z_i;
38             apply_mic(box, &x_ij, &y_ij, &z_ij);
39             real r2 = x_ij*x_ij + y_ij*y_ij + z_ij*z_ij;
40             if (r2 > lj.cutoff2) { continue; }
41
42             real r2inv = 1.0 / r2;
43             real r4inv = r2inv * r2inv;
44             real r6inv = r2inv * r4inv;
45             real r8inv = r4inv * r4inv;
46             real r12inv = r4inv * r8inv;
47             real r14inv = r6inv * r8inv;
48             real f_ij = lj.e24s6 * r8inv - lj.e48s12 * r14inv;
49             potential += lj.e4s12 * r12inv - lj.e4s6 * r6inv;
50             fx += f_ij * x_ij;
51             fy += f_ij * y_ij;
52             fz += f_ij * z_ij;
53         }
54         g_fx[i] = fx;
55         g_fy[i] = fy;
56         g_fz[i] = fz;
57         g_pe[i] = potential * 0.5;
```

```
58        }
59    }
60
61    void find_force(int N, int MN, Atom *atom)
62    {
63        const real epsilon = 1.032e-2;
64        const real sigma = 3.405;
65        const real cutoff = 10.0;
66        const real cutoff2 = cutoff * cutoff;
67        const real sigma_3 = sigma * sigma * sigma;
68        const real sigma_6 = sigma_3 * sigma_3;
69        const real sigma_12 = sigma_6 * sigma_6;
70        const real e24s6 = 24.0 * epsilon * sigma_6;
71        const real e48s12 = 48.0 * epsilon * sigma_12;
72        const real e4s6 = 4.0 * epsilon * sigma_6;
73        const real e4s12 = 4.0 * epsilon * sigma_12;
74        LJ lj;
75        lj.cutoff2 = cutoff2;
76        lj.e24s6 = e24s6;
77        lj.e48s12 = e48s12;
78        lj.e4s6 = e4s6;
79        lj.e4s12 = e4s12;
80
81        Box box;
82        box.lx = atom->box[0];
83        box.ly = atom->box[1];
84        box.lz = atom->box[2];
85        box.lx2 = atom->box[3];
86        box.ly2 = atom->box[4];
87        box.lz2 = atom->box[5];
88
89        int m = sizeof(real) * N;
90        CHECK(cudaMemcpy(atom->g_x, atom->x, m, cudaMemcpyHostToDevice));
91        CHECK(cudaMemcpy(atom->g_y, atom->y, m, cudaMemcpyHostToDevice));
92        CHECK(cudaMemcpy(atom->g_z, atom->z, m, cudaMemcpyHostToDevice));
93
94        int block_size = 128;
95        int grid_size = (N - 1) / block_size + 1;
96        gpu_find_force<<<grid_size, block_size>>>
97        (
98            lj, N,  atom->g_NN, atom->g_NL, box,
99            atom->g_x, atom->g_y, atom->g_z,
100           atom->g_fx, atom->g_fy, atom->g_fz, atom->g_pe
```

```
101     );
102 
103     CHECK(cudaMemcpy(atom->fx,atom->g_fx, m, cudaMemcpyDeviceToHost));
104     CHECK(cudaMemcpy(atom->fy,atom->g_fy, m, cudaMemcpyDeviceToHost));
105     CHECK(cudaMemcpy(atom->fz,atom->g_fz, m, cudaMemcpyDeviceToHost));
106     CHECK(cudaMemcpy(atom->pe,atom->g_pe, m, cudaMemcpyDeviceToHost));
107 }
```

我们先看包装函数：

(1) 包装函数的开头第 63~73 行计算 Lennard-Jones 势中的一些常数。我们可以将这些常数直接传值给核函数，但为了简洁起见，我们在第 74~79 行把这些常数封装成一个结构体变量再传给核函数。该结构体 LJ 在本文件开头的第 5~12 行定义。类似地，第 81~87 行将 CPU 中的数组 `box[6]` 包装成一个结构体变量，用于传值给核函数。将结构体传值给核函数，对结构体中数据的读取将通过常量内存缓存。也可以将这些常数放在一个全局内存数组，但没有使用常量内存高效。读者可以记住一个结论：只要数据量在编译期间就确定且不大（明显少于 4 KB），在核函数中将仅仅被读取，而且一个线程束中的所有线程在某个时刻访问同一个地址，就适合用传参的方式使用常量内存。

(2) 第 89~92 行将核函数需要的坐标数据从主机传输到设备。

(3) 第 94~101 行确定执行配置的参数并调用核函数。这里，我们使用一维的线程块并将其大小设置为 128。

(4) 第 103~106 行将核函数求出的力和势能数据从设备传输到主机。

再看核函数的实现：

(1) 第 21 行定义了从线程指标到粒子指标 `i` 的映射关系，即一个线程对应一个粒子。

(2) 第 22 行将原来 C++ 函数中对粒子 `i` 的遍历 `for(int i = 0; i< N; ++i)` 改成了判断 `if (i < N)`。

(3) 第 22 行后的代码和原来 C++ 版本的代码几乎一模一样。对每一个粒 `i`，我们继续对它所有的邻居 `j` 进行遍历，计算 `i` 和 `j` 之间的力和势能，并累加起来，将最终结果保存到全局内存。

因为求力的函数中需要用到邻居列表，我们也在 GPU 中建立了邻居列表。我们在第 9 章已经讨论过构建邻居列表的 CUDA 实现。本章对应程序中的 CUDA 实现与第 9 章给出的几乎一样，区别仅仅是在第 9 章没有考虑周期边界条件，而在分子动力学模拟中，我们施加了最小镜像约定，从而考虑了周期边界条件。

表 13.2 给出了一些性能测试的结果。首先看粒子数为 4000 的情况。和 C++ 程序对比，求积分的部分所花时间没有变化。这是容易理解的，因为我们没有将积

分的部分移植到 CUDA。求力和数据传输的时间总和为 5.8 s，相比 C++ 版本的求力部分所花时间（62 s）降低了一个数量级。整个产出过程耗时 6.5 s，对应的执行速度为 1.2×10^7 原子步每秒，约为 C++ 版本的 9 倍。

显然，我们的 CUDA 程序的性能明显地依赖于体系的大小。对于较小的体系，在求力与势能的核函数中定义的总线程数（等于体系的原子数）将不足以充分利用一个 GPU 的计算资源。换句话说，较小的体系将具有较小的并行规模。从表 13.2 可以看出，随着模拟体系的原子数从 4000 增大到 256000，程序的执行速度从 1.2×10^7 原子步每秒提升到 5.1×10^7 原子步每秒。其中，原子数为 108000 和 256000 的体系对应的速度差别很小，说明当原子数达到十万时，GPU 资源利用率接近饱和，继续增加原子数不会再显著提高程序性能。

表 13.2　第一个 CUDA 版本（对应于文件夹 force-only）的分子动力学模拟程序的性能测试

原子数	步数	求力和传输的时间/s	积分的时间/s	全部时间/s	速度/原子步每秒
4000	20000	5.8	0.7	6.5	1.2×10^7
32000	10000	5.0	2.5	7.5	4.3×10^7
108000	4000	5.4	3.3	8.7	5.0×10^7
256000	2000	5.4	4.6	10	5.1×10^7

注：GPU 为 GeForce RTX 2070，采用单精度浮点数计算，计算速度仅针对整个产出阶段定义。

13.2.2　加速全部计算

从表 13.2 还可以看出，在将求力和势能的计算加速后，原本可以忽略不计的求积分的计算显得很重要了，占了整个程序计算量的一半左右。如果我们将求积分的计算也用 CUDA 加速，会有两个好处：一是减少该部分计算的时间，二是可以省去前一个 CUDA 版本引入的主机和设备之间的数据传输（在 GPU 中计算力和势能之前，需要将坐标从主机传到设备；在 GPU 中计算力和势能之后，需要将力和势能从设备传到主机）。这也是本书强调过的，要尽量将所有计算都放在 GPU 中，减少主机与设备之间的数据传输。

需要注意的是，我们并不需要将一些初始化的计算也在 GPU 中加速，因为它们仅仅在程序的开头执行，不依赖于分子动力学模拟的平衡和产出步数。当平衡和产出步数很大时，这种初始化的计算时间是完全可以忽略不计的。所以，下面要讨论的就是如何完整地将平衡和产出阶段在 GPU 中加速，从而提升程序在整体上的性能。

根据上面的分析，我们需要将文件 `integrate.cu` 中的 3 个函数改写为 CUDA 版本。其中，`sum()` 函数本质上就是我们在前面若干章节重点讨论过的归约函数，`scale_velocity()` 函数和 `integrate()` 函数的 CUDA 移植都非常简单，请读者参看本章程序文件夹 whole-code 中的源代码。

表 13.3 给出了该 CUDA 版本的性能测试结果。对比表 13.2 中的数据，可以发现积分部分所花时间确实降低了很多，特别是原子数比较大的体系。在原子数为 4000 时，积分部分的性能几乎没有得到提升，这是因为此时相关的核函数并行规模很小，而且算术强度也很低。另外，相对于前一个仅加速求力部分的 CUDA 版本，当前 CUDA 版本的 `force.cu` 文件中不再有数据传输操作，故表 13.3 的第三列给出的是求力部分的时间，而不是求力和数据传输的总时间。对比表 13.2 可知，数据传输所花时间占了很大比例。总之，在将整个演化过程用 CUDA 加速后，既提高了积分部分的计算速度，又去掉了数据传输，从而大大提高了整个程序的性能。对原子数为 256000 的体系来说，计算速度达到了 2.0×10^8 原子步每秒，相对于前一个 CUDA 版本的加速比约为 4，而相对于 C++ 版本的加速比约为 150。

表 13.3　第二个 CUDA 版本（对应于文件夹 whole-code）的分子动力学模拟程序的性能测试

原子数	步数	求力的时间/s	积分的时间/s	全部时间/s	速度/原子步每秒
4000	20000	1.5	0.6	2.1	3.8×10^7
32000	10000	1.6	0.3	1.9	1.7×10^8
108000	4000	2.0	0.4	2.4	1.8×10^8
256000	2000	2.2	0.4	2.6	2.0×10^8

注：GPU 为 GeForce RTX 2070，采用单精度浮点数计算，计算速度仅针对整个产出阶段定义。

通过本章的例子，我们看到，在将一个 C++ 程序用 CUDA 加速时，一般首先确定其中最耗时的部分并将其用 CUDA 加速。这样做可以用较少的投入（人力、物力、时间等）获得一定的加速效果。但是要得到最好的加速效果，则需要尽可能多地将程序中可并行的计算用 CUDA 加速。当然，在大多数情况下，我们需要在付出与收获之间找到一个平衡点。

本章给出的分子动力学模拟程序可以说是作者开发的 GPUMD 程序（https://github.com/brucefan1983/GPUMD）的迷你版。在程序的优化方面，该迷你版的程序不会输于 GPUMD，但在程序的功能方面，GPUMD 要丰富得多。对分子动力学模拟感兴趣的读者可以尝试去了解 GPUMD，有任何关于 GPUMD 的问题都欢迎与作者交流。

第 14 章

CUDA 标准库的使用

14.1 CUDA 标准库简介

除前面介绍过的数学函数库外，CUDA 开发工具套装中还有很多其他有用的库，涵盖线性代数、图像处理、机器学习等众多应用领域。目前一共有 20 多个库。对科学与工程计算领域来说比较重要的库参见表 14.1。

表 14.1 一些 CUDA 库

库名	简介
Thrust	类似于 C++ 的标准模板库（standard template library）
cuBLAS	基本线性代数子程序（basic linear algebra subroutines）
cuFFT	快速傅里叶变换（fast Fourier transforms）
cuSPARSE	稀疏（sparse）矩阵
cuRAND	随机数生成器（random number generator）
cuSolver	稠密（dense）矩阵和稀疏矩阵计算库
cuDNN	深度神经网络（deep neural networks）

虽然这里所列的库都很重要，但限于本书篇幅和作者有限的经验，本章只对作者比较熟悉的几个库进行介绍，包括 `Thrust`、`cuRAND`、`cuBLAS`、和 `cuSolver`。幸运的是，不同库的使用方式都或多或少有些类似。所以，学习这几个库之后再学其他的库会更加容易。对于一个新的库，读者可以通过阅读它的手册来学习。

在介绍具体的库之前，我们先看学习和使用库的优点，总结起来有如下几点：

(1) 可以节约程序开发时间。有些库的功能自己实现的话需要花很多的时间。

(2) 可以获得更加值得信赖的程序。这些常用库都是业界精英们智慧的结晶，一般来说比自己实现的更加可靠。

(3) 可以简化代码。有些功能自己实现起来可能需要成百上千行代码，但适当使用库函数也许用几十行代码就能完成。

(4) 可以加速程序。对于常见的计算来说，库函数能够获得的性能往往是比较高的。但是，对于某些特定的问题，使用库函数得到的性能不一定能胜过自己的实现。例如，Thrust 和 cuBLAS 库中的很多功能是很容易实现的。有时，一个计算任务通过编写一个核函数就能完成，用这些库却可能要调用几个函数，从而增加全局内存的访问量。此时，用这些库就有可能得到比较差的性能。
总之，了解各种库之后，便可在有需要的时候灵活地加以运用。

14.2 Thrust 库

14.2.1 简介

Thrust 是一个实现了众多基本并行算法的 C++ 模板库，类似于 C++ 的标准模板库（standard template library, STL）。该库自动包含在 CUDA 工具箱中。这是一个模板库，仅仅由一些头文件组成。在使用该库的某个功能时，包含需要的头文件即可。该库中的所有类型与函数都在命名空间 thrust 中定义，所以都以 thrust:: 开头。用命名空间的目的是避免名称冲突。例如，Thrust 中的 thrust::sort 和 STL 中的 std::sort 就不会发生名称冲突。

14.2.2 数据结构

Thrust 中的数据结构主要是矢量容器（vector container），类似于 STL 中的 std::vector。在 Thrust 中，有两种矢量：

(1) 一种是存储于主机的矢量 thrust::host_vector<typename>。

(2) 一种是存储于设备的矢量 thrust::device_vector<typename>。

这里的 typename 可以是任何数据类型。例如，下面的语句定义了一个设备矢量 x，元素类型为双精度浮点数（全部初始化为 0），长度为 10：

```
thrust::device_vector<double> x(10, 0);
```

要使用这两种矢量，需要分别包含如下头文件：

```
#incldue <thrust/host_vector.h>
#incldue <thrust/device_vector.h>
```

14.2.3 算法

Thrust 提供了 5 类常用算法，包括

(1) 变换（transformation）。本书多次讨论的数组求和计算就是一种变换操作。

(2) 归约（reduction）。这是本书重点讨论的算法。

(3) 前缀和（prefix sum）。14.2.4 节将详细讨论该算法。

(4) 排序（sorting）与搜索（searching）。

(5) 选择性复制、替换、移除、分区等重排（reordering）操作。

除了 thrust::copy，Thrust 算法的参数必须都来自于主机矢量或都来自于设备矢量。否则，编译器会报错。

Thrust 库有非常多的算法，本书不可能一一介绍。在 14.2.4 节，我们通过一个求前缀和的例子展示 Thrust 库的使用。若要全面学习 Thrust 库，可以参看网页 https://github.com/thrust/thrust/wiki。

14.2.4 例子：前缀和

前缀和（prefix sum）也常称为扫描（scan）。扫描操作将一个序列

x0, x1, x2, ···

变成另一个序列

y0 = x0, y1 = x0 + x1, y2 = x0 + x1 + x2, ···

这样定义的扫描称为包含扫描（inclusive scan）。相比之下，非包含扫描（exclusive scan）的结果是

y0 = 0, y1 = x0, y2 = x0 + x1, ···

例如，假设有一个序列

1, 2, 3, 4, 5, 6, ···

对其实施包含扫描和非包含扫描的结果分别是

1, 3, 6, 10, 15, 21, ···

和

0, 1, 3, 6, 10, 15, ···

以上是针对加法算术操作的。也可以针对其他算术定义扫描操作。例如，将加法换成乘法，包含扫描的结果是

1, 2, 6, 24, 120, 720, ···

首先，用 device_vector 来实现，见 Listing 14.1。

Listing 14.1 本章程序 thrust_scan_vector.cu 的内容

```
1  #include <thrust/device_vector.h>
2  #include <thrust/scan.h>
3  #include <stdio.h>
4
5  int main(void)
6  {
7      int N = 10;
8      thrust::device_vector<int> x(N, 0);
9      thrust::device_vector<int> y(N, 0);
10     for (int i = 0; i < x.size(); ++i)
```

```
11      {
12          x[i] = i + 1;
13      }
14      thrust::inclusive_scan(x.begin(), x.end(), y.begin());
15      for (int i = 0; i < y.size(); ++i)
16      {
17          printf("%d ", (int) y[i]);
18      }
19      return 0;
20  }
```

因为要使用扫描算法，故包含头文件 <thrust/scan.h>。因为还要用设备矢量，故也包含头文件 <thrust/device_vector.h>。在主函数中，首先，定义了两个设备矢量 x 和 y。矢量的长度由 x.size() 和 y.size() 表示。设备矢量 x 代表初始的序列

1 2 3 4 5 6 7 8 9 10

然后，将设备矢量的迭代器（iterator，可以理解为指针的推广）x.begin()、x.end() 和 y.begin() 传递给函数 thrust::inclusive_scan()，对设备矢量 x 中的所有元素进行包含扫描操作，并将结果放在设备矢量 y。最后，将设备矢量 y 中的结果输出到屏幕。输出结果为

1 3 6 10 15 21 28 36 45 55

注意：y[i] 并不是普通整型的变量，需要强制转换为整型后才能用 printf() 函数输出。用 C++ 的输入/输出流可以直接输出 y[i]，不用先做强制类型转换。读者可以试一试。

然后，直接用设备中的数组（指针）实现，见 Listing 14.2。

Listing 14.2　本章程序 thrust_scan_pointer.cu 的内容

```
1   #include <thrust/execution_policy.h>
2   #include <thrust/scan.h>
3   #include <stdio.h>
4
5   int main(void)
6   {
7       int N = 10;
8       int *x, *y;
9       cudaMalloc((void **)&x, sizeof(int) * N);
10      cudaMalloc((void **)&y, sizeof(int) * N);
11      int *h_x = (int*) malloc(sizeof(int) * N);
12      for (int i = 0; i < N; ++i)
```

```
13	    {
14	        h_x[i] = i + 1;
15	    }
16	    cudaMemcpy(x, h_x, sizeof(int) * N, cudaMemcpyHostToDevice);
17	
18	    thrust::inclusive_scan(thrust::device, x, x + N, y);
19	
20	    int *h_y = (int*) malloc(sizeof(int) * N);
21	    cudaMemcpy(h_y, y, sizeof(int) * N, cudaMemcpyDeviceToHost);
22	    for (int i = 0; i < N; ++i)
23	    {
24	        printf("%d ", h_y[i]);
25	    }
26	
27	    cudaFree(x);
28	    cudaFree(y);
29	    free(h_x);
30	    free(h_y);
31	    return 0;
32	}
```

在这个版本中，直接对设备中的数组 `x` 和 `y` 调用扫描函数：

`thrust::inclusive_scan(thrust::device, x, x + N, y);`

相对于使用设备矢量的版本，该函数用了一个额外的表示执行策略（execution policy）的参数 `thrust::device`。要使用该参数，需要包含头文件 `<thrust/execution_policy.h>`。换成该版本时，迭代器换成了普通的设备指针 `x`、`x + N` 和 `y`。读者可以检验，该版本给出同样的输出。

如果程序中大量使用了 Thrust 库提供的功能，那么使用设备矢量是比较好的方法。如果程序中大部分代码是手写的核函数，只是偶尔使用 Thrust 库提供的功能，那么使用设备指针是比较好的方法。

14.3 cuBLAS 库

14.3.1 简介

cuBLAS 是 BLAS 在 CUDA 运行时的实现。BLAS 的全称是 basic linear algebra subroutines（或者 basic linear algebra subprograms），即基本线性代数子程序。

这一套子程序最早在 CPU 中通过 Fortran 语言实现。所以，后来的各种实现都带有 Fortran 的风格。最显著的风格是矩阵在内存中的存储是列主序（column-major order）的，而不是像 C 语言中是行主序（row-major order）的。行主序要求矩阵的每一行元素在内存中是连续的；列主序要求矩阵的每一列元素在内存中是连续的。考虑矩阵

$$\begin{pmatrix} a & b \\ c & d \end{pmatrix} \tag{14.1}$$

在行主序的约定下，其元素在内存中的顺序为 a, b, c, d；在列主序的约定下，其元素在内存中的顺序为 a, c, b, d。

cuBLAS 库包含 3 个 API，具体为

(1) cuBLAS API：相关数据必须在设备。

(2) cuBLASXT API：相关数据必须在主机。

(3) cuBLASLt API：一个专门处理矩阵乘法的 API，在 CUDA 10.1 中才引入。

我们这里只对 cuBLAS API 进行介绍。该 API 实现了 BLAS 的 3 个层级的函数，一共几十个：

(1) 第一层级的（十几个）函数处理矢量之间的运算，如矢量之间的内积。

(2) 第二层级的（二十几个）函数处理矩阵和矢量之间的运算，如矩阵与矢量相乘。

(3) 第三层级的（十几个）函数处理矩阵之间的运算，如矩阵与矩阵相乘。

本书仅用一个矩阵乘法的例子介绍 cuBLAS 的使用。若要全面地学习该库，请阅读官方文档 https://docs.nvidia.com/cuda/cublas/。若要全面了解 BLAS，请参考 BLAS 的官方网站 http://www.netlib.org/blas/。

14.3.2 例子：矩阵乘法

我们考虑这样一个简单的矩阵乘法计算：

$$\begin{pmatrix} 0 & 2 & 4 \\ 1 & 3 & 5 \end{pmatrix} \begin{pmatrix} 0 & 3 \\ 1 & 4 \\ 2 & 5 \end{pmatrix} = \begin{pmatrix} 10 & 28 \\ 13 & 40 \end{pmatrix} \tag{14.2}$$

先给出全部源代码，见 Listing 14.3。

Listing 14.3 本章程序 cublas_gemm.cu 的内容

```
1  #include"error.cuh"
2  #include <stdio.h>
3  #include <cublas_v2.h>
4
5  void print_matrix(int R, int C, double* A, const char* name);
```

```
6
7  int main(void)
8  {
9      int M = 2;
10     int K = 3;
11     int N = 2;
12     int MK = M * K;
13     int KN = K * N;
14     int MN = M * N;
15
16     double *h_A = (double*) malloc(sizeof(double) * MK);
17     double *h_B = (double*) malloc(sizeof(double) * KN);
18     double *h_C = (double*) malloc(sizeof(double) * MN);
19     for (int i = 0; i < MK; i++)
20     {
21         h_A[i] = i;
22     }
23     print_matrix(M, K, h_A, "A");
24     for (int i = 0; i < KN; i++)
25     {
26         h_B[i] = i;
27     }
28     print_matrix(K, N, h_B, "B");
29     for (int i = 0; i < MN; i++)
30     {
31         h_C[i] = 0;
32     }
33
34     double *g_A, *g_B, *g_C;
35     CHECK(cudaMalloc((void **)&g_A, sizeof(double) * MK))
36     CHECK(cudaMalloc((void **)&g_B, sizeof(double) * KN))
37     CHECK(cudaMalloc((void **)&g_C, sizeof(double) * MN))
38
39     cublasSetVector(MK, sizeof(double), h_A, 1, g_A, 1);
40     cublasSetVector(KN, sizeof(double), h_B, 1, g_B, 1);
41     cublasSetVector(MN, sizeof(double), h_C, 1, g_C, 1);
42
43     cublasHandle_t handle;
44     cublasCreate(&handle);
45     double alpha = 1.0;
46     double beta = 0.0;
47     cublasDgemm(handle, CUBLAS_OP_N, CUBLAS_OP_N,
48         M, N, K, &alpha, g_A, M, g_B, K, &beta, g_C, M);
```

```
49      cublasDestroy(handle);
50
51      cublasGetVector(MN, sizeof(double), g_C, 1, h_C, 1);
52      print_matrix(M, N, h_C, "C = A x B");
53
54      free(h_A);
55      free(h_B);
56      free(h_C);
57      CHECK(cudaFree(g_A))
58      CHECK(cudaFree(g_B))
59      CHECK(cudaFree(g_C))
60      return 0;
61  }
62
63  void print_matrix(int R, int C, double* A, const char* name)
64  {
65      printf("%s = \n", name);
66      for (int r = 0; r < R; ++r)
67      {
68          for (int c = 0; c < C; ++c)
69          {
70              printf("%10.6f", A[c * R + r]);
71          }
72          printf("\n");
73      }
74  }
```

在编译使用了 cuBLAS 库的 CUDA 程序时，需要指定链接库。例如，可以用如下命令编译本例程序：

```
$ nvcc -arch=sm_75 -lcublas cublas_gemm.cu
```

运行得到的可执行程序将在屏幕上输出：

```
A =
  0.000000  2.000000  4.000000
  1.000000  3.000000  5.000000
B =
  0.000000  3.000000
  1.000000  4.000000
  2.000000  5.000000
C = A x B =
 10.000000 28.000000
```

```
13.000000 40.000000
```

读者可以手动检验计算结果是否正确。

下面分几个部分对上述源代码进行讨论。

首先，看头文件的包含。目前，使用 cuBLAS 时建议包含 <cublas_v2.h>。顾名思义，这是一个新版本的头文件。旧版本的头文件为 <cublas.h>，但不再建议使用。

然后，看主函数中的开头部分。在主机中定义了 3 个矩阵 h_A、h_B 和 h_C，维度分别是 2×3、3×2 和 2×2。注意：我们是用一维矢量来表示矩阵的。此时，必须记住使用列主序的约定。初始化之后，将数据复制到对应的设备矩阵 g_A、g_B 和 g_C。该复制过程是由如下函数实现的：

```
cublasStatus_t cublasSetVector
(
    int n,
    int elemSize,
    const void *x,
    int incx,
    void *y,
    int incy
);
```

该函数从主机数组 x 复制 n 个元素到设备数组 y 。参数 elemSize 是每个元素的字节数，incx 表示对数组 x 进行访问时每 incx 个数据中取一个，incy 表示对数组 y 进行访问时每 incy 个数据中取一个。例如，当 incx 等于 2 时，将使用 x[0]、x[2] 等元素。cuBLAS 库中的函数都返回一个类型为 cublasStatus_t 的错误代码，但为了简洁起见，作者省去了对错误代码的检查。

最后，看矩阵乘法计算部分。这里，首先需要定义一个 cublasHandle 类型的变量并用 cublasCreate() 函数初始化，然后调用 cublasDgemm() 函数做矩阵相乘的计算，最后用 cublasDestroy() 销毁刚刚定义的 cublasHandle 类型的变量。这里使用的 cublasDgemm() 函数是第三层级的 cuBLAS 函数之一。该函数中的 D 指 double，是双精度实数变量的意思。类似的还有 S（单精度实数）、C（单精度复数）和 Z（双精度复数）。该函数中的 gemm 指 GEneral Matrix-Matrix multiplication，是“一般的矩阵–矩阵相乘”的意思。该函数的原型为

```
cublasStatus_t cublasDgemm
(
    cublasHandle_t    handle,
    cublasOperation_t transa,
```

```
    cublasOperation_t transb,
    int               m,
    int               n,
    int               k,
    const double      *alpha,
    const double      *A,
    int               lda,
    const double      *B,
    int               ldb,
    const double      *beta,
    double            *C,
    int               ldc
);
```

该函数实施如下计算：

```
C = alpha * transa(A) * transb(B) + beta * C
```

其中：

- alpha 和 beta 是标量参数。
- A、B 和 C 是列主序的矩阵。
- transa(A) 是对矩阵 A 做一个变换之后得到的矩阵，维度是 m×k；transa(B) 是对矩阵 B 做一个变换之后得到的矩阵，维度是 k × n。C 的维度是 m × n。
- 对矩阵 A 来说，transa 为 cuBLAS_OP_N 时，transa(A) 等于 A；transa 为 cuBLAS_OP_T 时，transa(A) 等于 A 的转置；transa 为 cuBLAS_OP_C 时，transa(A) 等于 A 的共轭转置（conjugate transpose）。
- lda、ldb 和 ldc 分别是矩阵 transa(A)、transa(B) 和 C 的主维度（leading dimension）。对于列主序的矩阵，主维度就是矩阵的行数。

做完矩阵乘法之后，再用 cublasGetVector() 函数将设备数组 g_C 中的数据复制到主机数组 h_C。该函数与 cublasSetVector() 函数类似，只不过数据传递的方向相反。复制完数据后，将矩阵 h_C 的内容输出到屏幕。输出时也要注意到矩阵是列主序的。

14.4 cuSolver 库

14.4.1 简介

和 cuBLAS 类似，cuSOLVER 是一个线性代数方面的 CUDA 库。相对于

cuBLAS，cuSolver 专注于一些比较高级的线性代数方面的计算，如矩阵求逆和矩阵对角化。正因为比较高级，所以 cuSolver 库的实现是基于 cuBLAS 和 cuSPARSE 两个更基础的库的。cuSolver 的功能类似于 Fortran 中的 LAPACK 库。LAPACK 是 Linear Algebra PACKage 的简称，即一个线性代数库。

cuSolver 库由以下 3 个相互独立的子库组成。

(1) cuSolverDN（DN 是 DeNse 的意思）：一个处理稠密矩阵线性代数计算的库。

(2) cuSolverSP（SP 是 SParse 的意思）：一个处理稀疏矩阵的线性代数计算的库。

(3) cuSolverRF（RF 是 ReFactorization 的意思）：一个特殊的处理稀疏矩阵分解的库。

cuSolver 库函数倾向于使用异步执行。为了保证一个 cuSolver 库函数的工作已经完成，可以使用 cudaDeviceSynchronize() 函数进行同步。在 GPU 中执行的 cuSolver 库函数要求相关的数据已经在设备准备好。用户负责主机与设备之间的传输工作。如果用阻塞的 cudaMemcpy() 函数传输数据，则在传输数据前没有必要显示地同步。

本章只通过一个求稠密矩阵本征值的例子介绍 cuSolverDN 库的使用方式。和 cuBLAS 类似，稠密矩阵在内存中的存储方式必须是列主序的。若要全面地学习 cuSolver 库，请参考官方文档 https://docs.nvidia.com/cuda/cusolver/。因为 cuSolver 是一个类似于 LAPACK 的库，故有时参考 LAPACK 的手册也是有益的。LAPACK 的官方主页为 http://www.netlib.org/lapack/。

14.4.2 例子：矩阵本征值

我们考虑一个简单的求矩阵本征值的问题。考虑一个厄密矩阵：

$$\boldsymbol{A} = \begin{pmatrix} 0 & -i \\ i & 0 \end{pmatrix} \tag{14.3}$$

该矩阵有两个实本征值，分别为 1 和 -1。Listing 14.4 的程序调用 cuSolver 来实现这个计算。

Listing 14.4 调用 cuSolver 来实现求矩阵本征值

```
1  #include "error.cuh"
2  #include <stdio.h>
3  #include <stdlib.h>
4  #include <cusolverDn.h>
5
```

```
6  int main(void)
7  {
8      int N = 2;
9      int N2 = N * N;
10
11     cuDoubleComplex *A_cpu = (cuDoubleComplex *)
12         malloc(sizeof(cuDoubleComplex) * N2);
13     for (int n = 0; n < N2; ++n)
14     {
15         A_cpu[0].x = 0;
16         A_cpu[1].x = 0;
17         A_cpu[2].x = 0;
18         A_cpu[3].x = 0;
19         A_cpu[0].y = 0;
20         A_cpu[1].y = 1;
21         A_cpu[2].y = -1;
22         A_cpu[3].y = 0;
23     }
24     cuDoubleComplex *A;
25     CHECK(cudaMalloc((void**)&A, sizeof(cuDoubleComplex) * N2));
26     CHECK(cudaMemcpy(A, A_cpu, sizeof(cuDoubleComplex) * N2,
27         cudaMemcpyHostToDevice));
28
29     double *W_cpu = (double*) malloc(sizeof(double) * N);
30     double *W;
31     CHECK(cudaMalloc((void**)&W, sizeof(double) * N));
32
33     cusolverDnHandle_t handle = NULL;
34     cusolverDnCreate(&handle);
35     cusolverEigMode_t jobz = CUSOLVER_EIG_MODE_NOVECTOR;
36     cublasFillMode_t uplo = CUBLAS_FILL_MODE_LOWER;
37
38     int lwork = 0;
39     cusolverDnZheevd_bufferSize(handle, jobz, uplo,
40         N, A, N, W, &lwork);
41     cuDoubleComplex* work;
42     CHECK(cudaMalloc((void**)&work,
43         sizeof(cuDoubleComplex) * lwork));
44
45     int* info;
46     CHECK(cudaMalloc((void**)&info, sizeof(int)));
47     cusolverDnZheevd(handle, jobz, uplo, N, A, N, W,
48         work, lwork, info);
```

```
49      cudaMemcpy(W_cpu, W, sizeof(double) * N,
50          cudaMemcpyDeviceToHost);
51
52      printf("Eigenvalues are:\n");
53      for (int n = 0; n < N; ++n)
54      {
55          printf("%g\n", W_cpu[n]);
56      }
57
58      cusolverDnDestroy(handle);
59
60      free(A_cpu);
61      free(W_cpu);
62      CHECK(cudaFree(A));
63      CHECK(cudaFree(W));
64      CHECK(cudaFree(work));
65      CHECK(cudaFree(info));
66
67      return 0;
68  }
```

在编译使用了 cuSolver 库的 CUDA 程序时，需要指定链接库。例如，可以用如下命令编译本例程序：

```
$ nvcc -arch=sm_75 -lcusolver cusolver.cu
```

运行得到的可执行程序，将在屏幕上输出：

```
Eigenvalues are:
-1
1
```

即算出矩阵的本征值为正确的 -1 和 1，而且是按从小到大的顺序排列的。

下面详细解释源代码：

(1) 首先要包含头文件 <cusolverDn.h>。

(2) 第 11~23 行定义了一个 2×2 的元素为 cuDoubleComplex 类型的主机数组 A_cpu，并初始化为我们选定的矩阵。该类型实际上是 double2 结构体的别名：

```
typedef double2 cuDoubleComplex;
```

该结构体有两个成员 x 和 y。在该问题中，就可以当作复数的实部和虚部。

(3) 第 24~27 行将主机数组 A_cpu 中的数据传输到同样大小的设备数组 A。

(4) 第 29~31 行定义了要保存矩阵本征值的主机数组 W_cpu 和设备数组 W。

(5) 第 33~34 行定义了一个 cusolverDnHandle_t 类型的句柄 handle 并用

cusolverDnCreate() 函数初始化。第 35 行定义了一个表示仅计算本征值，而不计算本征矢量的任务模式 jobz。第 36 行定义了一个表示用下三角矩阵的方式存放数据的填充模式 uplo。注意第 36 行使用的是 cuBLAS 库中的类型。

(6) 第 38~40 行调用 cusolverDnZheevd_bufferSize() 函数来确定计算需要多大的缓冲空间 lwork。第 41~43 行分配对应大小的设备内存给变量 work。

(7) 第 45~50 行调用 cusolverDnZheevd() 函数来计算矩阵 A 的本征值 W，并将结果复制到主机数组 W_cpu。

(8) 从主机端输出结果、销毁句柄，并释放主机与设备内存。

让我们仔细分析函数 cusolverDnZheevd() 和 cusolverDnZheevd_bufferSize() 的调用：

(1) cuSolver 库中所有的 API 函数都以 cusolver 开头。因为我们处理的是稠密矩阵，具体地说是用 cuSolverDn 库，故这里所有的 API 函数都以 cusolverDn 开头。

(2) 这两个函数中的字符串 Zheevd 可以理解如下：

1) Z 代表双精度复数类型，类似的还有 S（单精度实数类型）、D（双精度实数类型）和 C（单精度复数类型）。

2) he 代表 hermitian，是厄密矩阵的意思。如果是实数厄密矩阵，就退化为对称矩阵，标记为 sy（symmetric）。

3) evd 代表用分治法求标准本征值问题的算法。其中，ev 代表 eigenvalues 和 eigenvectors，即本征值和本征矢量的意思，而 d 代表 divide and conquer，即分而治之的意思。如果将 evd 换成 evj，就代表用雅可比（Jacobi）法求标准本征值问题的算法；如果换成 gvd，就代表用分治法求广义本征值问题的算法（这里的 g 代表 generalized，即广义的意思）。还有一些其他算法，就不一一介绍了。

(3) 这两个函数的参数列表非常类似，只是后者比前者多了两个参数，这里我们只给出后者的原型：

```
cusolverStatus_t cusolverDnZheevd
(
    cusolverDnHandle_t handle,
    cusolverEigMode_t jobz,
    cublasFillMode_t uplo,
    int n,
    cuDoubleComplex *A,
    int lda,
    double *W,
    cuDoubleComplex *work,
```

```
    int lwork,
    int *devInfo
);
```

在参数列表中：

1) handle 是 cuSolverDn 库上下文的句柄。

2) jobz 是任务模式（如果取 CUSOLVER_EIG_MODE_NOVECTOR，则仅算本征值；如果取 CUSOLVER_EIG_MODE_VECTOR，则计算本征值和本征矢量）。

3) uplo 是填充模式（如果取 CUBLAS_FILL_MODE_LOWER，则用下三角矩阵方式填充矩阵；如果取 CUBLAS_FILL_MODE_UPPER，则用上三角矩阵方式填充矩阵）。

4) n 是矩阵维度（行数或者列数）。

5) A 是待求本征值和本征矢量的矩阵（如果选择计算本征矢量，则计算结束后本征矢量就保存在该矩阵中）。

6) lda 是主维度（在本例中就是矩阵行数）。

7) W 是计算的本征值。

8) work 是工作空间。

9) lwork 是工作空间的大小。

10) 返回值和 devInfo 都是错误标记（为简单起见，本例没有检查错误）。

14.5 cuRAND 库

14.5.1 简介

这是一个与随机数生成有关的库。该库产生的随机数有伪随机数（pseudorandom numbers）和准随机数（quasirandom numbers）之分，但我们只关注伪随机数。伪随机数序列是用某种确定性算法生成的，且满足大部分真正的随机数序列所满足的统计性质。它在很多计算机模拟，特别是蒙特卡罗模拟中应用广泛。

在 cuRAND 库中，提供了两种 API：主机 API 和设备 API。下面只介绍主机 API。要使用 cuRAND 库的主机 API，首先要在相关源代码中包含头文件 curand.h，然后在编译、链接程序时指定链接选项 -lcurand。

主机 API 又分为两种使用方式。一种是使用设备产生伪随机数并保存于设备数组，另一种是使用主机产生伪随机数并保存于主机数组。我们只讨论前者。使用主机 API 在设备中产生伪随机数的工作流程如下：

(1) 定义一个伪随机数生成器，即定义一个类型为 curandGenerator_t 的变量。假设该变量的名称为 generator（该变量名由用户确定）。此时，伪随机数生成器未被初始化。

(2) 将 generator 传入函数 curandCreateGenerator()，从而得到一个确定的伪随机数生成器。该函数的原型如下：

```
curandStatus_t curandCreateGenerator
(
    curandGenerator_t *generator,
    curandRngType_t rng_type
);
```

所以，该函数的第一个参数应该是 &generator，即变量 generator 的地址。第二个变量是随机数生成器的类型，对应于算法。它可以有多种选择，如 CURAND_RNG_PSEUDO_XORWOW 和 CURAND_RNG_PSEUDO_MT19937。前者是默认的算法，等价于 CURAND_RNG_PSEUDO_DEFAULT，后者也许在某些应用中质量更高，但更加耗时和耗内存。一般情况下，用默认的即可。

(3) 设置一些伪随机数生成器的选项。我们只关心一个选项，即伪随机数种子（seed），用以初始化伪随机数生成器的状态。用法如下：

```
curandStatus_t curandSetPseudoRandomGeneratorSeed
(
    curandGenerator_t generator,
    long seed
);
```

其中，变量 seed 是用户提供的一个整数。相同的种子一定给出相同的伪随机数序列。

(4) 调用函数产生伪随机数序列，并将结果保存在一个设备数组中。具体的函数名与想要得到的伪随机数的分布有关。我们后面的例子中只用到两种，一种是均匀分布的双精度浮点数，用函数 curandGenerateUniformDouble()；另一种是正态分布的双精度浮点数，用函数 curandGenerateNormalDouble()。这两个函数的使用方法见后面具体的范例。

(5) 使用得到的伪随机数。使用完一批还可以再生成更多。最后不要忘记用函数 curandDestroyGenerator() 清理一下。

14.5.2 例子

我们给出一个具体的例子，见 Listing 14.5。

Listing 14.5　本章程序 curand_host1.cu 的内容

```
#include <stdio.h>
#include <stdlib.h>
#include <curand.h> void
output_results(int N, double *g_x);

int main(void)
{
    curandGenerator_t generator;
    curandCreateGenerator(&generator, CURAND_RNG_PSEUDO_DEFAULT);
    curandSetPseudoRandomGeneratorSeed(generator, 1234);
    int N = 100000;
    double *g_x; cudaMalloc((void **)&g_x, sizeof(double) * N);
    curandGenerateUniformDouble(generator, g_x, N);
    double *x = (double*) calloc(N, sizeof(double));
    cudaMemcpy(x, g_x, sizeof(double) * N, cudaMemcpyDeviceToHost);
    cudaFree(g_x);
    output_results(N, x);
    free(x);
    return 0;
}

void output_results(int N, double *x)
{
    FILE *fid = fopen("x1.txt", "w");
    for(int n = 0; n < N; n++)
    {
        fprintf(fid, "%g\n", x[n]);
    }
    fclose(fid);
}
```

下面是该程序的计算流程:

(1) 注意头文件的包含 #include <curand.h>。

(2) 主函数中，首先定义了伪随机数生成器的变量 generator 并初始化。这里选用默认的算法。

(3) 用种子 1234（随便取的）初始化伪随机数生成器的状态。

(4) 产生 100000 个在 $0 \sim 1$ 之间均匀分布的双精度浮点型伪随机数，保存于设备数组 g_x 中。

(5) 将设备数组 g_x 中的数据复制到主机端的数组 x，并输出到文件 x1.txt。

一般来说，如果将生成的伪随机数保存于设备内存，那么目的是在设备中使用，而不是复制到主机端后再使用。我们这个例子中将设备端的伪随机数复制到主机端并输出到文件，只是为了检查一下结果。

如果将语句

```
curandGenerateUniformDouble(generator, g_x, N);
```

换为

```
curandGenerateNormalDouble(generator, g_x, N, 0.0, 1.0);
```

则将得到以 0 为中心、以 1 为标准差呈正态分布（也称为高斯分布）的伪随机数。完整的程序见本章的 curand_host2.cu。